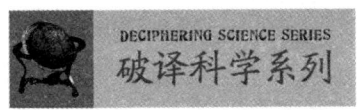

破译科学系列

王志艳◎编著

探秘科学
发明发现

科学是永无止境的
它是个永恒之谜
科学的真理源自不懈的探索与追求
只有努力找出真相，才能还原科学本身

延边大学出版社

图书在版编目（CIP）数据

探秘科学发明发现 / 王志艳编著．—延吉：延边大学出版社，2012.6（2021.6重印）
（破译科学系列）
ISBN 978-7-5634-4858-6

Ⅰ．①探… Ⅱ．①王… Ⅲ．①科学技术－创造发明－青年读物②科学发现－世界－青年读物 Ⅳ．①N19-49

中国版本图书馆 CIP 数据核字（2012）第 115160 号

探秘科学发明发现

编　　著：王志艳
责任编辑：李东哲
封面设计：映像视觉
出版发行：延边大学出版社
社　　址：吉林省延吉市公园路 977 号　邮编：133002
电　　话：0433-2732435　传真：0433-2732434
网　　址：http://www.ydcbs.com
印　　刷：永清县晔盛亚胶印有限公司
开　　本：16K　165×230 毫米
印　　张：12 印张
字　　数：200 千字
版　　次：2012 年 6 月第 1 版
印　　次：2021 年 6 月第 3 次印刷
书　　号：ISBN 978-7-5634-4858-6
定　　价：38.00 元

版权所有　侵权必究　印装有误　随时调换

前言 Foreword

众所周知，科学是推动人类发展和进步的重要因素，自从有了人类以来，经过几千年的探索和创造，人类将无数的奇思妙想变成了改变人们生活的发明发现。这些成功的发明发现满足了人类生存和求知的需要，提高了人们生活的质量，同时，也深刻地改变了人类的思维观念和对世界的认识，对造就今天这个丰富多彩的文明世界起到了极为重要的作用。

为了让青少年朋友更好地了解科学、热爱科学，勇于攀登科学高峰，本书精选出人类有史以来一些具有代表性的发明和发现成果，详细地讲述了这些发明发现辗转曲折的由来、艰辛的发展历程以及这些成果给我们今天生活带来的重大影响和它们的重要性及其意义。使读者能够在享受当今的科学的成果之时，还能够了解它的过去，了解它的发现和开发过程，或许能够启发读者对该领域的进一步探求和创造性发展的聪明才智。

希望本书的出版能激发青少年读者的兴趣与爱好，使其更加努力学习科学文化知识，掌握探求知识的本领，去探索未知领域的真相。

本书在编写过程中，参考了大量相关著述，在此谨致诚挚谢意。对书中存在的纰漏和不成熟之处，恳请各界人士予以批评指正，以利于再版时修正。

目录 CONTENTS

冶铁炼钢的出现 //1

食物保存技术的发明 //3

陶器的出现 //4

瓷器的出现 //6

玻璃的出现 //7

漆与漆器的出现 //9

阿拉伯数字的发明 //10

罗马数字的发明 //12

加、减、乘、除等符号的发明 //13

现代冶炼技术的发明与发展 //15

天文望远镜的发明 //20

万有引力定律的发现 //21

镜子的反光与"万有引力常数"的发现 //23

红外线的发现 //24

"布朗运动"现象的发现 //25

纸的发明 //26

新闻纸的出现 //28

电报的发明和应用 //30

电话的发明和应用 //32

无线电通信技术的发明 //34

显微镜的发明 //36

照相机的发明 //38

打字机的发明 //40

探秘科学发明发现
TANMIKEXUEFAMINGFAXIAN

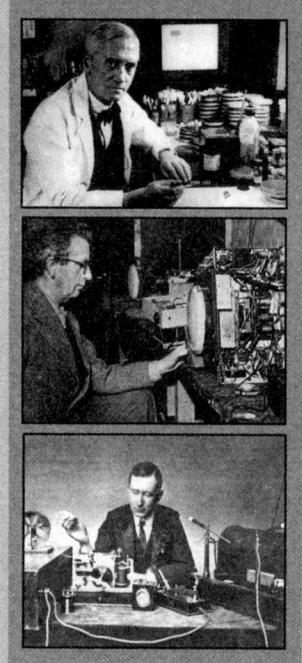

静电复印机的发明 //44

洗衣机的发明 //47

高效纺纱机的诞生 //49

板块构造学说的建立 //52

电子计算机的出现与发展 //54

激光技术的发展及应用 //56

磁悬浮技术的来龙去脉 //58

雨衣的发明 //65

世界第一根火柴的发明 //68

笔与墨水的发明 //72

计算工具的发明 //73

纸牌的出现 //74

凭空制造的地球饰物——经纬线 //75

电影的诞生 //77

杂交水稻的发明 //81

在战火中催生的香烟 //83

可口可乐的问世 //85

不可思议的超导体的发现 //87

漫长的酒精发明史 //89

去污功臣——肥皂的由来 //91

化肥的问世 //93

硫化橡胶的问世 //95

电视的发明 //97

目录 CONTENTS

圆珠笔的出现 //99

侯氏联合制碱法的发明 //101

"陈氏定理"的发现 //104

公元纪年的出现 //106

观察月相而得来的"星期" //108

冰箱的发明 //110

避孕套的发明 //112

光合作用的发现 //116

筷子的发明 //120

富尔顿与轮船的发明 //123

史蒂芬森与火车的发明 //125

核武器的发明 //127

鱼雷的发明 //131

"门外汉"与机关枪的发明 //133

鸟与直升机的发明 //135

潜水艇的发明 //137

火箭的发明 //139

卫星的发明 //141

航天飞机的发明 //143

福克战斗机的发明 //145

"陆地巡洋舰"与坦克的出现 //147

达尔文创立进化论 //149

放射性元素的发现 //151

探秘科学发明发现
TANMIKEXUEFAMINGFAXIAN

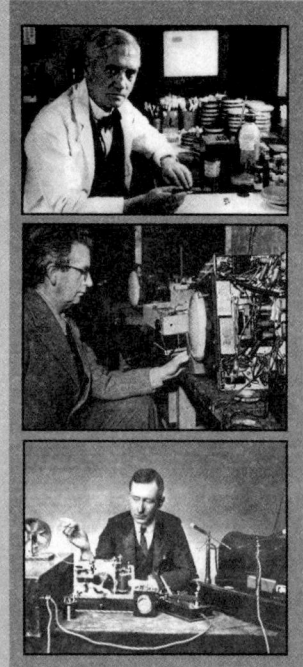

互联网的出现 //153

相对论的建立 //155

多马克发明百浪多息 //157

沙眼病毒的发现 //159

摩托的发明 //163

绿色邮件的出现 //165

真空吸尘器的发明 //167

人工心脏瓣膜的问世 //168

巴斯德发明狂犬疫苗 //169

科赫发明固体培养基 //172

拉链的发明 //175

口香糖的发明 //178

莱尼兹尔发现液晶 //181

 冶铁炼钢的出现

距今大约6000年前，人类开始使用天然铜矿石打制工具并逐渐掌握了从矿石中冶炼金属的技术。随着金属工具的冶炼和使用，促进了生产的发展，人类的经济生活也随之发生了变化。在适合经营农业的地方，农业逐渐成为主要的生产部门，畜牧业只起辅助的作用。

我们知道，生产工具的发展是社会生产发展的动力和标志。对于冶金技术来说，一个重要问题是如何改进鼓风技术，以提高炉温和加快冶炼速度。早先，人们只是用嘴通过管子向炉内吹风，后来发明了一种脚踏鼓风机，风力的增加提高了炉温，既缩短了冶炼时间，又提高了冶炼质量。除了冶铜技术以外，铁器冶炼术、银和金的冶炼术也有一定的发展，但这些金属，尤其是铁，在人类社会早期，还没有在生产中广泛使用。

铁广泛存在于地球表面上的土、石当中，但分布很分散，量也不大，集中存在于铁矿石里。为了把铁从铁矿石里提炼出来，首先要把矿石用高温烧化。古代的办法是在地上挖个坑，填上矿石和木柴，然后燃烧，矿石里的铁便熔化而与石质分离流出。这种方法早在乌尔（西亚的古代城市，位于伊拉克的穆盖伊尔）出土的一个约公元前2000年的冶炼场遗址可以看到。在人类活动的较早时期，铁是非常昂贵的，它不是被用来做日常用品，而是用来做装饰品和仪仗队的武器。例如，在著名的《荷马史诗》中，就曾把黄金和铁相提并论过。

目前已知道的最古老的铁器，是在叙利亚北部的特尔沙贾巴扎发现的约公元前2700年的一块熔铁，和在特拉斯马尔发掘出的约公元前2400年的一柄装在铜柄上的锈蚀的铁刀。但这还都是熟铁，硬度不够，做武器容易卷刃，解决这个问题的办法是加强硬度。起初是将熟铁加碳锻成铸铁。铸铁相较熟

△ 古代冶铁过程

铁含有更多的碳，材质更硬，两者的区别早在公元前1000年的古代小亚细亚就被人类所知晓，中国人在公元前6世纪就已经生产铸铁，但直到13世纪才传入西欧。17世纪欧洲才制造和使用铸铁，最初被用于制造大炮的铁弹，后来被用来铸造墓板和炉壁。铸铁不仅与熟铁一起用于建筑物的装潢，而且用作建筑物的框架结构。11世纪，中国就已把铸铁应用于建筑材料，而欧洲直到18世纪中叶才开始使用。1709年，英国人亚伯拉罕·达比把焦炭引入炼铁领域。这种硬度更好的达比铁可以在建筑上使用，如利物浦圣安妮教堂（1772）走廊里的铁质圆柱，比早期的铸铁更坚韧。在法国出现了一种延展性很强的铸铁，这种铁浇铸成形后可以更耐热，人们开始把它们做固定砖石墙和支撑烟囱之用。后来又被用来铺设铁路轨道和构建摩天大楼，再后来，钢取代了铸铁。

炼钢的方法并不是近代才有的，在古代已有了使熟铁变成钢的方法，即"渗碳"法。这种方法也和炼制熟铁一样，把熟铁烧红，趁热锤打。这样反复加热，反复锤打，不断使碳从熟铁表面渗入里层，就成为一层坚硬的钢。在公元前1500年的亚美尼亚地区，已经实行了这种"渗碳"炼钢的方法。后来又有了"淬火"技术，就是把铁先用"渗碳"的方法炼成钢，再加热，紧接着把它投入到冷水中去，这样钢就变得更加坚硬。但经过"淬火"的钢会变脆，容易断裂。要使钢硬且有韧性，人们又发明了"回火"的技术，就是把经过"淬火"的钢再次加热到不太高的温度，然后使它缓慢地冷却下来。这样钢就成了富有韧性的材料了。

食物保存技术的发明

当人类拥有了富足的食物,并且需要留存下来时,就遇到了食物保存问题。

利用自然界的力量使食物干燥是保存食物的一种最古老的方法。谷类在储存前用太阳晒干,它是人类最先保存的食物。在古代的巴勒斯坦和美索不达米亚,除了晒小麦外,还晒无花果和葡萄干,就像把某些草木晒干用来做药一样。除了晒干的方法外,还有风干、阴干、烘干、熏干的方法。风干能够避免阳光只能将表面晒干,而内里却依旧残留水分导致食物霉变的可能。在那些不太炎热和干燥的地区,史前时期的人们用火来烘烤用于贮存的食物,烟熏不仅能使食物变干,还能使脂肪分解,无须加香料就能产生独特的风味,如熏肉和熏鱼等,以至于很多民族在长年累月的积累中把熏制发展成了一种食品加工的艺术。

相对于干燥法,用食盐腌制也是古人普遍使用的一种保存食物的方法,提到过这种方法的有中国古代的文人,他们用莲籽来检测食物是否已经腌好。不少古希腊人也详细地讲到过腌制法,不过提到的是用蛋浸在腌卤里,看是否能浮起来的办法,检测食物是否已经腌好,通过这种方法腌制的干成鱼是古希腊人常常食用的一种食物。后来到了古罗马时期,腌制法的使使用迅速推广,不仅这些地方使用腌制法,就是非洲土著人也知道用盐来腌制食物。

冷冻是另外一种重要的方法,这种保存食物的方法曾为中国人所采用,而在其他的一些古代文明中并未广泛使用。在哥伦布时代之前的秘鲁人,用冷冻法来生产土豆粉,他们把土豆的块茎摊开在地面上使之受冻变脆。然后把土豆打碎磨成粉末,食用时加水即可变成浆状。另外在地中海和黑海地区也发现了冰窖的遗迹,可能也是古人用来保存食物的。还有用香料和发酵的方法来保存食物,那是古印度人的杰作。

陶器的出现

人类所知的最古老的陶制品，是在捷克斯洛伐克摩拉维亚的多尔尼维斯托尼发掘出来的，年代为公元前2.5万年左右。人们发现了做成各种动物模样的陶制品，很粗糙，大多数上面还有戳出的印记，可能是作为某种法物来使用。显然，人们已发现烧过的泥块是耐水泡的，但是没有人想过用它来制作容器。

真正的陶器在新石器时代才开始出现。1962年，人们在江西仙人洞发现一处较早的新石器时代遗址，出土有陶器残片298块。据测定，该遗址距今近1万年。在黑龙江省齐齐哈尔市西南的昂昂溪，也发现了新石器早期的陶器，使用的原料有砂粒和细的蚌壳粉。有两件是完整的：一件为平底的深碗；一件是圆形的罐子，外观比较粗糙。

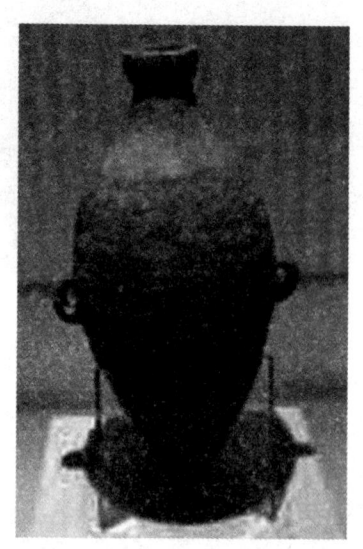
△ 半坡文化——类底瓶

在距今6000多年前的西安半坡文化遗址中，发现了一批精致的陶器，其中有锅、蒸笼、带流罐（类似茶壶）、尖底瓶等。早期的陶容器一般多是用泥条盘绕成容器形，再经整理后烧制的，因而厚薄不均匀，形状也不规整。

公元前3500年后不久，在美索不达米亚出现了一种原始的陶工旋盘——陶轮，它是一种安装在枢轴上的转盘，泥坯放在中心，一边转动，一边用手整形。我国大汶口文化时期，制陶由手制逐渐进化到陶轮阶段，生产效率大为提高，质量也明显进步，在晚期甚至出现了原始的"蛋壳黑陶"。后来龙山文化时期制作的黑陶，有些壁厚仅1~2毫米，最薄的容器壁仅0.3毫米。

△ 秦始皇兵马俑

陶器技术的真正难点在于烧制方法，直接在火上烧出的陶器容易渗漏，只有让坯不与火焰直接接触，也就是放在窑内慢慢烧干才行。半坡遗址的陶窑，是在地上挖成横穴成为火腔，上口装置窑箅，并在箅上周围筑成圆形窑室，陶坯就放在箅上烘烤烧制。

进一步使陶罐不漏水的办法是上釉。上釉还能使器物光滑美观。在伊拉克的特卢马尔发现了刻于公元前17世纪的碑，上面有上釉工艺的细则。

我国最古老的上釉陶器是1929年在河南殷墟发现的，上面有薄薄的黄釉。在郑州二里岗殷墟还出土了"豆青色釉布纹陶尊"。

举世闻名的秦始皇兵马俑，反映了我国古代制陶造形艺术和技术的极大成就，也是中外考古史上从未有过的巨大收获。与真人真马一般大小的陶武士和马匹竟有数千之多，令人难以置信。

我国古代还发明了一种特殊的陶器——紫砂陶。颜色紫红，质细柔软，不漏水而透气性强，有特殊的"泡茶不走味，贮茶不变色，盛暑不易馊"等优点。由于北宋初期诗人梅尧臣留下了"小石冷泉留早味，紫砂新品泛春华"的诗句，可以断定紫砂陶产生于北宋之前。

瓷器的出现

瓷器是中国古代一项非常伟大的发明，很长时期一直为我国所独有。瓷器显然是从陶器演变而来的。瓷器要求制坯的原料高岭土质地纯良，烧制的温度要高，因而颜色白净，质地致密，不会吸水和渗水。其表面还要涂刷一层玻璃质釉，光滑润泽，敲之声音清脆。

商周之际，就出现了"元始青瓷"，由高岭土制成，烧制温度已达1200多摄氏度，尽管还达不到典型的瓷器要求，但与陶器已有明显区别。原始

△ 唐代瓷器

青瓷技术经过汉代、魏晋的发展已经成熟，在北朝时瓷器技术又发展到一个新的高度，开始烧出白瓷。到了隋代，又在瓷胎毛坯上增加了一层含铁特少的白色护胎釉，作为白瓷衬底，既可以克服器具表面的粗糙和胎料泛出的杂色，又能提高釉色的莹润和玻璃质感。

唐代在彩釉的配制上有了很大的进展，出现了多种彩釉，有白、黄、绿、酱、褐、黑等色。宋代又有了红、蓝、紫等色。明代之后，由于开始利用国外的釉色原料，使瓷器的制造水平更为高超卓越。

我国的制瓷技术，10世纪开始传入朝鲜，11世纪起又开始传入波斯及西亚地区。13世纪，日本人在福建学会制瓷技术带回本国。1712年，法国传教士将我国景德镇的瓷土带回去分析研究。

此后，欧洲直到18世纪初，才真正制造出合乎标准的瓷器。

玻璃的出现

玻璃也要用炉窑烧制出来，但它的化学成分及成形方法与陶瓷大不相同。普通玻璃是用石英砂以及碱和石灰烧至熔融状态再加工制造成成品的。

在公元前2000年，美索不达米亚人已开始生产玻璃制品，不过只是一些简单的小玩意，如玻璃珠子等。到了公元前1500年，在罗德岛和塞浦路斯岛上已有玻璃制造工厂。亚历山大城在公元前332年建成之后，也成为生产玻璃的重要城市。

△ 长沙2号楚墓出土的谷纹柿蒂纹玻璃剑首

在早期，人们通常是把熔化的玻璃倒在型芯上制成物品，再把型芯取出。在公元前1世纪，腓尼基人发明了用玻璃吹管沾上熔化的玻璃再吹制成品的方法。这种方法一直沿用至今，只不过一般将用嘴吹改为机器吹制。

中国目前所藏的最早的玻璃是长沙楚墓出土的玻璃璧、玻璃印章等，属于战国时代的制品。但它们究竟是在国内生产的还是从外国运来的，还不清楚。

在罗马帝国时代，罗马人的玻璃制造业十分发达。唐朝颜师古（581～645）注："大秦国出青、黄、黑、白、赤、红、缥、绀、紫、绿10种琉璃。"大秦一般指东罗马，这里琉璃指的是玻璃。

埃及人在耶稣诞生前后发明了一种精美的玻璃制品——所谓的波特兰

△ 清代乾隆琉璃料器代表了中国古代玻璃制作最高水准

瓶。这种花瓶内层为蓝色，外层为白色，上面刻画出生动的人物图案。

从公元7世纪起，阿拉伯各国，从波斯到埃及地区，玻璃制造业也十分繁荣。令人赞叹的是在清真寺使用的玻璃灯。灯上镶嵌有各种彩色透明玻璃，灯上还带有烧制的搪瓷。

在中世纪的欧洲，高级的玻璃制品多来自威尼斯。威尼斯还是最早用玻璃生产镜子的地方。那里的工匠采用的是在玻璃上镀上极薄的一层银膜的方法。由于生产这种镜子非常赚钱，当地的行会禁止任何人将其技术秘密带出境外，违者将被刺杀。

在隋唐以前，我国基本上不生产玻璃，偶尔也有例外。如魏太武时（5世纪20年代），有大月氏国人至京师，铸石作五色玻璃。到了唐朝，一位名为何稠的人，鉴于中国玻璃的难得，就利用传统的制造绿瓷的方法来制玻璃。据说成品很好，与外来品没有差异。到了明清时代，玻璃生产开始发展起来。不过一般来说，玻璃"来自西洋者较厚而白，中国所制则脆薄而色微青"。各地生产的所谓"料器"，就是一种乳色玻璃。

漆与漆器的出现

在中国古代的独特技术中，还有制漆和漆器制造技术。漆采集于我国原来特有的漆树。刚采下的漆汁含水量较大，不易保存。生漆经过日晒脱水后，就成为黏稠液体状的熟漆。漆涂在器物的表面，经过与空气接触（最好在潮湿的环境下）就会固化，形成耐水、耐热、耐酸、耐碱的光亮的硬膜，使器具光洁、美观、耐用。

漆在我国的使用开始于史前的新石器时代。在浙江余姚河姆渡文化遗址里发现了漆绘陶罐。《韩非子·十过篇》中也曾提到：尧禅位于舜，制作饮食用具，用黑漆涂在上面。舜传位于禹，制祭器，外面漆成黑色，里面漆成红色。

到商、周时代，我国已大量使用漆。从西周到战国时期的战车和许多用具都用漆涂饰。在汉武帝之子燕王刘旦夫妇的墓中，出土了巨大的漆床、漆案、兵器架以及镶嵌玛瑙、玳瑁、云母或镶嵌鎏金铜箍的各种漆器，证明西汉的漆器制作技术已十分高超。当时已有专门的宫廷作坊制造漆器。

我国古代还发明了一种"脱胎"漆器，用纯漆制成，简直就是现代塑料制品的前身。它质轻耐腐，经久如新，常常制成花瓶。其制法是先制泥芯，用涂有浆糊的细绳绕在泥芯外面，并涂上润滑脱模剂，然后在上面刷漆多次。达到所需厚度并完全固化后再捣碎泥芯，抽出细绳，并用漆刷在内表面上，使内外均光亮如镜。

我国的制漆技术从汉代起逐步传入周边各国，到17世纪后，欧洲才有人能仿制我国的漆器。在此之前，西方常用亚麻仁油来制造油漆，但其干燥性尚不及我国特产的桐油，就更远不及漆了。

阿拉伯数字的发明

人们在日常工作生活中处处离不开数字。现在国际通用的数字是阿拉伯数字，即：0，1，2，3，4，5，6，7，8，9。正是这十个符号构成了我们的世界，使千千万万的难题得以攻克。那么，阿拉伯数字真的是古代阿拉伯人发明的吗？其实这是一个很大的误解。这种简易的数字实际上由印度人发明，之所以被称为阿拉伯数字，是因为古代阿拉伯人到处经商、打仗而将它传播到了世界各地。可见，阿拉伯人只是它的推广者，并不是它的发明者。

世界上各个古老的民族都拥有自己的数字，它们独具风格，各有优点。人们最早发明数字是为了计数的方便。而有证可查的最早的计数法是中国原始社会时期的结绳计数法，当时的人们为了数清猎获野兽和吃掉野兽的数目，就用一根草藤来打结，一个结表示一只野兽。世界上最早出现的数字也是中国古代的甲骨文上所刻的象形数字，虽然仅寥寥几笔，但对当时的人类来说，无疑是巨大的贡献。继中国的数字出现之后，古巴比伦人使用的计算符号也开始问世。据考古专家鉴定，古巴比伦人用一个垂直的楔形来表示一个数，而10则用一个较大的横向楔形来表示。古代埃及人干脆用一竖来表示一个数，而10则用一个弧形来表示，这与古代巴比伦人的楔形数字比起来，显然要简便一些了。然而令人惊奇的是，古代埃及人的数字不仅表达到了10，而且还表达到了100、1000……他们用一个涡形表示100，用一朵荷花表示1000，他们还用一个人形来表示100万。从这些越来越大的数字中可以看出，处于原始社会和奴隶社会中的古代埃及的生产力水平是相当高的，甚至超过了古代中国和古代巴比伦。

现在世界上除通用阿拉伯数字外，中国数字和罗马数字也是使用得相当广泛的。中国数字就是一、二、三、四……而且位数也有十位到百位，最终到了亿位、兆位,中国数字还首次出现了大小写之分。大写中国数字就是指壹、贰、叁、肆、伍……中国数字的发明推动了人类历史的发展。中国数字唯一的缺点就是不便于现代复杂的计算,因而未被广泛使用,也就未能通用。

△ 印度人发明了阿拉伯数字

世界上同时出现的另外一种数字是罗马数字,它用Ⅰ表示一个手指,代表一;Ⅱ表示两个手指;Ⅲ表示三个手指;Ⅳ表示四个手指;Ⅴ则表示一只张开的手掌,代表五。那么Ⅹ呢?则表示两只伸开的手掌,代表十。在古代,罗马数字也传遍了全世界,它在当时的欧洲使用很普遍。但当时的商人都一致反对在经商活动中使用这种数字,因为它容易被涂改。

这时,印度人在生活实践中发明了本民族的数字,这就是1、2、3、4……当然,在开初并不是现在这个样子的写法,到后来,这些数字经过不断地演变,越来越简单,终于成为现在的阿拉伯数字。而当时的阿拉伯人由于经商的需要,很快掌握了这种印度数字的写法和计数方法,并带到了世界各地,因而现在的人们称印度数字为阿拉伯数字。阿拉伯数字具有简易、实用、方便的特点,很快被全世界人民所接受,成为现代人类向高科技进军的奠基石。

罗马数字的发明

古代罗马的记数符号，与希腊、巴比伦的方法均有相似之处。罗马人像希腊人一样使用了字母表里的字母，然而并不按次序来使用，只使用了几个字母。需要时，就总是重复使用，这正像巴比伦方法一样。但与巴比伦方法的不同之处在于，罗马人并不每逢数字递增10就发明一个新符号，而是更原始地每增5个就使用一个新符号。这就使看上去复杂的罗马数字，学起来并不难了。罗马

△ 带有罗马数字的钟

数字共有7个符号，它们是：Ⅰ、Ⅴ、Ⅹ、Ⅼ、Ⅽ、Ⅾ、Ⅿ，分别表示数值1、5、10、50、100、500、1000。完全靠这7个符号的变换来表示所有的数字。

而凡两个以上的符号并列，左边数大，则表示"加"，反之，则表示"减"。例如，"Ⅶ"表示5加2，即7；而"Ⅸ"则表示10减1，即9。

罗马数字以"5"为递增基数，据说是罗马人从人手有5指得到的启示。还有这样一种解释："V"的一条线，表示一只手的大拇指，另一条线则表示其余的四指，而"X"则表示两手腕对腕交叉。至于这个原始的发明者是谁，现在无从考证，也许是罗马人从劳动生活的需要中不断发展、相互启发，是集体智慧的结晶。罗马数字可能在中世纪之前就已形成了。

罗马数字虽然已经没有什么实用价值，然而，由于它数字长辈的身份和古朴的个性美，至今仍堂而皇之地出现在一些钟楼、钟面上，起着特殊的装潢作用。

 加、减、乘、除等符号的发明

在数字诞生很长一段时间里，人们只知用数字来记数，还不能把演算的过程写出来。直到距今500多年前，德国数学家魏德美在演算实践中体会到，首先必须要有一种表示加、减的书写符号，而且必须简单明了。于是他按照大写字母T的书写规律，先写横，在横上再加一竖，以表示增加的意思，即成了现在的"+"的样子。不久，他又发明了减号。根据减法的定义，他认为从"+"号上去掉一竖，意即比原来的减少了。

大约在300多年前，英国数学家欧德莱认为乘法是加法的一种特殊形式，于是他便把前人所发明的"+"转动45度的角，这样"×"也就问世了。

也是在300多年前，瑞士教学家哈呐发明了"÷"号。他认为除法是将一个数分解出来，于是他便用一条横线将一个完整的东西切开，表示分界的意思。

大约在400年前，英国学者列科尔德发明了"="号，他根据当时人们喜欢把平衡的东西看成是相等的习惯，认为平衡的最形象的书写方式莫过于用两条长短一样的平行线来表示，这样，等号"="便诞生了。

人类在社会实践中还根据需要创造出许多简便形象的符号，常见的还有如下几个符号：

"？"（问号）：起源于拉丁文中的"questio"一词，表示质问、疑问、问题的意思。在问号未出现以前，每当有表示询问的句式时，就在句子末端加上"questio"一词。后来，人们为书写简便起见，就取其开头的"q"和末尾的"o"，缩写成"qo"两个字母。不久又有人把"q"写在上面，"o"写在下面，后来草写成"？"作为标点符号，供世界通用。

"√"（对号）：老师批改学生作业时，用"√"这个符号表示内容正

确。它来源于英国教师的手笔。他们看到学生作业内容无误时，便信手在作业本上写上批语right（英语，意为正确）。后来，又简写成right的第一个字母r。久而久之，"r"又演化为更加简单的写法，这就是"√"。其后，西学东渐，风俗交流，中国近代教育中也引进了这个既简便又明了的书写符号，正式用来表示学生作业正确无误。至于在"√"上加上一撇或一点，是表示"大致正确，略有错误"的意思，这恐怕就是借用者的创造了。

"♂"（雄性）、"♀"（雌性）：这两个符号是现代国际上通用的表示生物性别的。这两个符号来自古希腊的神话故事：爱神丘比特，善使弓箭，常把弓箭背在背后。箭头总是斜挂着，所以箭形似"♂"（右斜45度），因此用"♂"表示雄性。女神维纳斯，喜好梳妆打扮，手中常常拿着一面小圆镜，"○"表示圆镜，"+"表示镜把，所以就用"♀"表示雌性。另外，由于近代生物学的发展，对这两个符号的使用也有了创新。比如用"♂♂"表示多数的雄体；用"♀♀"表示多数的雌体；用"♀×♂"表示雌雄杂交；用"♀/♂"表示雌雄的比例数等。需要指出的是，这些符号只适用于生物学范围，不能用来代表人的性别。

现代冶炼技术的发明与发展

19世纪中叶以后,欧洲钢的生产有了很大发展,1856年是大发展的起点,这一年贝塞麦发明了转炉吹炼法,大大缩短了炼钢时间,不久西门子又发明了平炉炼法(1867),不仅能生产优质钢,而且可大利用大量废钢。这两种方法为现代化炼钢打下了基础,使人类进入钢的时代。

磷的问题是20多年后才由英国人托马斯解决的。他从化学反应的角度来研究磷的行为,认为生铁中的磷被空气氧化后生成五氧化二磷,又被吹炼炉的硅质炉衬还原成磷,重新进入钢中,因此他认为,如果采用另一种炉,使它能够和五氧化二磷结合,就能解决这一问题。他和P·吉尔克里斯特合作,于1877年在一座小炉上进行了一系列试验,证明用碱性衬炉可以脱磷,以后又在1.5吨的炉子里进行扩大试验,采用白云石作为炉衬,并以焦油作黏结剂,于1879年获得成功,创造了碱性转炉炼钢法,又称贝塞麦—托马斯法,从此该法在欧洲推广应用,取得显著成效。

平炉炼钢的发明者是德国人西门子,他和弟弟一起研究蓄热式热交换器以及用煤气作燃料,成功地用于玻璃熔化炉,可节省燃料50%,以后应用于熔化坩埚钢,接着成功研究了用生铁和铁矿石一起炼钢的方法,即平炉炼钢法,于1867年取得专利。平炉炼钢的冶炼是在中间的反射炉内进行,炉子的下蕊有两个蓄热式热交换器,分列左右,轮换使用,用于预热空气。这种炉子的特点是热效率较高,并可达到很高的炉温。同一时期,法国马丁取得西门子关于蓄热室炉子的专利后,成功试验了用生铁和熟铁一起熔炼成钢的方法,接着又用废钢代替熟铁和生铁一起炼钢,这就是现在通用的平炉炼钢法,又称西门子—马丁法。平炉的炉衬也有酸性和碱性两种。

平炉的冶炼时间比转炉长得多,对于100吨的炉子,原料如为生铁:废钢

=50∶50，则冶炼周期约为8~12小时。

和转炉炼钢比较，平炉具有以下优点：

平炉去除钢中杂质是个缓慢过程，因此钢的成分容易控制。

可以加入任何比例的废钢（当时转炉限于5%）。

碱性平炉可以不受生铁中含磷量的限制（碱性转炉要求生铁中含有足够高的磷，一般需为1.7~2%，否则氧化发热量不够，难以维持炉温；而酸性转炉则要求生铁中含量足够低，才能保证钢的良好性能）。

钢中含氮量少（转炉系空气直接吹入熔体，钢中吸收了一部分氮，易使钢变脆）。

由于具有上述优点，因此平炉发展很快，到1894年时产量已超过了转炉，达到157.5万吨，转炉钢则为153.53万吨。

电炉炼钢系用电作为热源进行炼钢，有两种形式：一是电弧炉；一是感应炉。

电弧炉——西门子于1878年首先应用电弧炉熔化废钢，但由于当时电费太贵，且电力供应不足，限制了该法的发展。1900年法国埃洛特建立了第一座工业用的电弧炼钢炉，其方法是先将生铁在碱性转炉内吹炼，去掉硅、锰及大部分碳，然后将熔体装入碱性电弧炉内进一步除磷及碳，直到达到要求的含量，这样可使每炉钢的成分基本一样。

感应炉——意大利费兰蒂于1877年最先采用高频炉熔化金属，但工业应用则始于1899年客林在瑞典建立的炉子。英国的炼钢中心设菲尔德于1907年建立了一座实验炉，可生产2吨重的钢铸件，由于1925年发明了电动发电机组，能获得比较合适的频率（500~3000周/秒），从而加速了感应炉的发展，使它逐渐取代了坩埚炉，用来生产高质量的工具钢。感应炉仅系熔化而不发生冶炼作用，因此可按照需要成分预先配好炉原料。感应加热时产生涡流，对熔体有搅动作用，使钢的成分均匀一致。

用电炉可以冶炼各种性能的合金钢。

合金钢的创始人当推法拉第，他为了寻找适合于电磁方面用的材料，从1819年开始曾将各种不同的元素加入铁中，包括铬。可惜他的工作没有进一步做下去，不然"合金钢时代"将会提前50年到来。

1871年英国试制了铬钢，1877年法国制成含铬生铁及铬钢，并用于工业，高炉炼铁铬合金也随即开始。

△ 1851年伦敦世界博览会上，英国馆中的陈列机器。

R·马希特在1871年发现锰钨钢在空气中冷却后有很大的硬度，于是用作工具钢。这一合金的出现使机械工业发生了革命，使用寿命为以前高碳钢的5～6倍，并使机床的速度提高了1倍。

接着R·哈德菲尔德在合金钢领域里又迈出了重要的一步，他于1883年发明了锰钢。以前曾有人研究过锰的作用，发现加入锰后虽然能使钢变硬，但却变脆。而R·哈德菲尔德进一步发现：如果加入大量的锰（10%或更多），钢不仅具有足够的硬度，而且具有很好的抗拉强度和延展性。将锰钢加热至1050℃并在水中淬火，还可以提高它的韧性（而碳钢经过这样的处理却变脆）。锰钢还有另一个优良性能：当撞击时，表面层变硬而内部仍保持韧性，因此十分适用于制造铁路叉道、掘土机、挖泥船等。锰钢的发现又使机械工业增加了一种宝贵的材料。

此外，哈德菲尔德还发明了硅钢，开始时用作工具钢，后来发现当含硅至5%时具有高导磁率、高电阻、低磁滞的特性，特别适用于制造电动机和发电机的转子、变压器芯及其他电器用具。从1907年以来硅钢已成了电力工业中不可缺少的一种基本材料。

1889年英国J·赖利发明的镍钢在工程界起了极为重要的作用。他发现当加镍至4.7%时，可使钢的强度增加2倍。这一优良性能很快确立了镍钢的地位。20世纪初由美国F·W·泰勒和M·怀特发明的高速钢很快被欧洲所采用，典型成分是：钨18%，铬4%，钒1%，碳0.5%，有时还含钴。这种钢在

△ 第一次工业革命的到来，大大加快了冶金事业的发展

高温时不软化。采用这种钢做刀具，切削速度可自高碳钢的30英尺/分提高至500英尺/分。

1913年英国H·布里尔利发明了不锈钢，成分是铬13%，碳0.3%。后来德国B·施特劳斯和E·毛雷尔加入镍进一步改善了抗腐蚀性能和机械性能，这就是今天广泛使用的含铬18%、含镍8%的18-8不锈钢。钢中加入铬不仅抗蚀，而且防止高温时氧化掉皮，因此是用于原子能工业、火箭、汽轮机等的理想材料。

自从工业革命以来，金属材料在工业化大生产中长期处于重要位置。在金属材料中，铁和钢又占居首位。19世纪中叶以前，铁是主要的金属材料，从19世纪下半叶起，钢迅速取代铁成为工业发展的重要支柱，开创了材料工业的钢铁时代。进入20世纪，由于工业、交通、建筑、军事等部门的大量需要，钢在产量、质量、品种、冶炼技术上都有新发展。

20世纪上半叶，炼铁技术虽仍以19世纪发明的高炉冶炼为主，炼钢技术也仍以19世纪发明的平炉冶炼为主,转炉炼钢和电炉炼特种钢为辅,但在炼炉技术、原料处理和轧制技术上都不断有改进。

1930年前后,冶金学家开始研究直接使用氧气的炼钢法,论证了用高浓度的氧代替空气助燃,可以提高炼钢效率。

20世纪40年代,氧气斜吹转炉炼钢法、卧式转炉双管吹氧法、纯氧顶吹转炉炼钢法等相继出现,其中以纯氧顶吹转炉炼钢法的优点最为明显,它与当时通用的平炉相比,投资减少约一半,效率提高达数倍,成本低、质量高,因而迅速得到了推广。电弧炉炼钢法和感应炉炼钢法在电力比较充足的国家,如美、意等国陆续被用于炼制特种钢的生产中。20世纪40年代出现的连续铸钢法是炼钢技术的一个重大进步,它可以省掉钢锭模和初轧机,使生产率成倍提高,投资和成本明显下降。

炼钢技术的发展还表明在各种特种钢和合金钢的不断问世上。不同的特种钢和合金钢可以适应不同的特殊需要。20世纪初发明了渗碳法,不久又发展了利用渗碳技术渗氮。20年代末至30年代又把镍、铬等加到普通的碳钢中,制成了一系列坚韧的镍钢和铬钢。1912年,美国生产了含镍达71~80%的透磁钢。1923年,德国研制成功高硬度的氮化钢。第二次世界大战中,把镍铬合金经氮化处理和热处理后得到了质硬、耐磨的新合金。20世纪40年代出现了能耐800℃高温的镍铬合金。此外,加入不同比例的硅、钼、铌、铝、钛等元素,各有特种性能的多种合金钢在这一时期也相继诞生。这些合金材料的出现,促进了机器、电气、化工、交通运输、军事工业的发展。

后来出现的金属材料如钛等虽然在强度上超过了钢,但由于其数量极为有限,故还远远取代不了钢的地位。钢以其庞大的数量,繁多的品种一直称雄金属材料世界。据专家预测,至少在今后50年内还没有任何金属材料取代其霸主地位。

探秘科学发明发现

天文望远镜的发明

1608年的一天，荷兰的眼镜匠李普希正在给顾客磨镜片，他的儿子手里拿着两块镜片在比画着看。突然，他发现对面教堂尖顶上的风向标变得又大又清楚。他高兴地告诉了爸爸。

李普希按照儿子说的那样，将一块凸透镜和一块凹透镜一前一后组合起来，果然是那样。他根据这个发现制作了一架望远镜，但只是把它当成玩具而已。

后来，意大利科学家伽利略看到了这种玩具，他玩了一会儿，忽然想："如果把这东西改造一下，是不是可以观察天上的星星呢？"

伽利略马上动手，他把凸透镜和凹透镜分别装在一根长长的铅管的两端，还把一粗一细的两根空管套在一起，用来调节两片透镜的距离，以便于适合观察远近不同的距离，并适应观察者不同的视力。

△ 伽利略望远镜

后来，他继续改进，终于在1609年制成了天文望远镜，震惊了整个欧洲，他也成为利用望远镜观测天体的第一人。

万有引力定律的发现

在一些地区，那里的海水一昼夜间两次涌上岸边，淹没了海滨浴场、沿海的低地，漫过沿岸岩石的尖顶；又两次退离岸边，露出岩石和海滨浴场，有些地方海水竟退到岸外10～20千米处。大海似乎在进行着深呼吸，并且每次深深地"吸气"之后，紧接着便是大口地"呼气"。这种现象被称作涨潮和退潮，这一神秘的现象早就引起了科学家们的注意。

早在两千年前，人们便知道这种现象与月球有关，但对此无法作出解释。1687年，牛顿的万有引力定律问世了。万有引力定律对此作出了回答：一切物体都是相互吸引的。物体间引力的大小与它们的质量成正比，而与物体间的距离的平方成反比。

△ 牛顿

太阳的质量比月球大千万倍，但太阳距地球比月球距地球远390倍。这就是在地球上感受到月球的引力比太阳的引力大1.7倍的原因。

在望月期间，太阳、月球和地球处在一条线上，潮水量最大。当连接这些天体的线呈直角时，正是月球运行周期的1/4，这时的潮水量最小。因此，每隔两个星期，有一次最大潮和一次最小潮。在间隔期间，潮水量或者逐渐减少，或者逐渐增多。

月球的引力使水位升高，升高的水形成波浪，随着月球的运行在地球的表面滚动。在开阔的洋面上，由月球吸引力而生成的最大潮汐，平均高达近

21

△ 牛顿从苹果落地中发现了万有引力

108厘米；而由太阳引起的潮汐则小多了，平均只有50厘米。在地球上某些沿海地区，潮汐高达10～18米，蔚为壮观。加拿大、阿根廷、澳大利亚沿岸和爱尔兰海域就有这样的大潮汐。在俄罗斯境内，最大的潮汐发生在鄂霍次克海及巴伦支海沿岸。而在地中海、黑海等内海，潮汐则要小得多。

这种由于月球引力引起的潮汐，一旦涌入宽阔的江河时，掀起的潮汐巨浪称为怒潮。怒潮迫使河水倒流。紧接着，海浪占据了河床。由于河床狭窄，因此浪峰增大，翻江倒海，其威力令人毛骨悚然。流入芬迪湾的加拿大佩蒂加科河中的怒潮，在大潮期浪高达3米，在河水中，潮涌速度每小时达11～12千米。中国钱塘江的怒潮举世闻名，浪可高达7～8米，一条长2千米的水墙以每小时15千米的速度向前推进，场面甚为壮观。

牛顿的万有引力定律使得潮汐不再神秘，也使得宇宙中星球的运动规律不再那么难以捉摸。牛顿的出色工作使人们树立了信心：人类有能力揭开天地间各种事物的奥秘。

镜子的反光与"万有引力常数"的发现

18世纪的一天,研究引力的英国科学家卡文迪许来到了剑桥大学,去拜访那里正在研究磁力的科学家约翰·米歇尔。当他看见米歇尔用石英丝发生扭动来测定磁引力的大小时,深受启发。

回家后,他立即做起了实验,找来一根细长的杆子,并在杆子的两端各安上一个小铅球,很像一个哑铃。然后用石英丝吊起两个哑铃,再用两个大小不一样的铅球分别去接近小铅球,通过观察石英丝的扭动来测出它们之间的引力。

可是,由于球与球之间的引力太弱,石英丝扭动的变化,肉眼是无法看出来的。他感到失望、沮丧。

第二天,他去街上散步,当他来到街心花园时,孩子们的游戏深深地吸引了他。孩子们每人手里拿着一面小镜子,对着太阳光,把光线反射到对方的脸上,照花了眼的孩子就一边跑一边笑,你追我赶。站在一旁的卡文迪许看得津津有味,看着看着,突然大叫一声:"太好了!"掉头就跑。

原来,小镜子只要稍稍转动一个小小的角度,远处的光点就可以移动很大的距离。他一口气跑到实验室,投入到紧张的实验中。他在石英丝上固定一面小镜子,然后用一束光线去照射它,被小镜子反射回来的光线,照在一根刻度尺上。这样,即使石英丝发生微小的变化,刻度尺上也能明显地表示出来。人们把这种方法称为"扭秤"实验法。

1798年,卡文迪许在此基础上,完成了伟大的科学家牛顿没能完成的事业——"万有引力常数"数值的测定,并且计算出了地球的质量。

红外线的发现

1800年的一天早晨，年过花甲的英国天文学家赫歇尔通过桌上的一面三棱镜，正在欣赏太阳光透过它形成的七色彩带。

忽然，他想："阳光带有热量，可是组成太阳光的七种单色光中，哪一种携带的热最多呢？"他灵机一动："如果测得了每种光的温度，不就知道了吗？"

赫歇尔在实验室墙上贴上一张白纸，并让七色光带照在纸屏上。在光带红、橙、黄、绿、蓝、靛、紫以及红光区外和紫光区外的位置上各挂一支温度计。他发现，绿光区的温度上升了3℃，紫光区的温度上升了2℃，紫光区外的那支温度计的读数几乎没有变化……然而令他吃惊的是，红光区外的那支温度计的读数竟上升了7℃。

△ 威廉·赫歇耳

赫歇尔分析后认为，在红光区外一定还有某种人眼看不见的光线，而且这种光线携带的热量最多。

后来，科学界把这种看不见的光线命名为红外线，而赫歇尔也因此在科学史册上留名。

"布朗运动"现象的发现

布朗是英国的一位生物学家。1827年秋天的一个傍晚，布朗在家中花园里散步，当他走近花园旁边的小水池时，发现水面上漂浮着许多花粉。出于职业的习惯，好奇的布朗立即取出怀中的显微镜，仔细地观察着，观察后发现了这样一种现象：这些细小的花粉在水面上无规则地运动着。

"花粉的运动，可能是因为花粉具有生命力的缘故吧！"这个现象引起了布朗的极大兴趣。他又把目光集中在一个细小的花粉颗粒上，发现这些小颗粒的运动是跳跃着的，无规则的，而且是非常短暂的。

"那么，没有生命的花粉是不是就不会运动了呢？"布朗立即回到了实验室里，根据这个想法做了一个实验。他把花粉放在酒精里浸泡，过了一段时间，酒精挥发了，花粉也干燥了，他认为花粉已经失去生命力，便开始做实验。结果，他在显微镜下发现，花粉仍在杂乱无章地不停地运动。

"原来，花粉无规则地运动，不是生命力的原因引起的。"这个结果是布朗意想不到的。为了进一步证明，布朗又做了一个实验：将玻璃片磨成粉末，然后撒在水面上。结果发现，这些毫无生命力的玻璃粉末，依然在做无规则的运动。这种奇怪的现象使布朗非常困惑，便将这个令他费解的问题公布于世。遗憾的是，直到他告别人世，这个问题也没有得到解决。

过了很多年以后，人们才把这个问题搞清楚：任何物体都是由分子组成的，分子在不停地做无规则的运动。为了纪念生物学家布朗，人们把这种现象命名为"布朗运动"。

 纸的发明

谁都知道,纸的发明对于人类历史的进步具有极其重要的意义。它是社会文明的一大标志。因为有了纸,人类才得以将文化传承给后代。

纸何以叫"纸"?

在纸发明以前,人类在平石板、甲骨、金属器物上作文字记录,后来又在兽皮、木片和织物上书写,中国的"竹简"就是一个典型。拿破仑远征埃及时带回来的罗塞塔石碑也是一种典型实物。无论怎么说,石头、竹片、皮革分量都较重,体积也大,要做很多的记录是不可能的。中国有句古话"学富五车",就是形容"竹简"之重,一个人所学的知识要装几大车的意思。因此,古人迫切追求"轻薄"为特征的书写载体,这就是后来的纸。

最古老最著名的"纸"算是"纸草"(生长在埃及尼罗河上的一种草类植物)了。埃及约在公元前3000年至前2000年使用过这种不是纸的"纸"。所谓"沙草纸",就是把生长在尼罗河畔的这种"纸草"植物的茎切成薄片,加水使植物纤维密接,晒干后便成了较薄的东西,写字和携带自然方便多了。后来,这种沙草纸经过地中海传到了欧洲。

当时,欧洲仍在用羊皮写字,所以从埃及传来的纸草很受重视。由于这种原因,英语的"纸"即paper一词,也就来源于"纸草"papyrus。然而,纸草并不能叫做纸,它虽近于纸的性状,但并不是纸。

真正的纸是中国人发明的,它是中国古代的四大发明之一。纸出现在西汉时期。汉字"纸"字从"纟",因为纸与丝有一定的关系。我们知道蚕茧缫丝时,良茧用来抽丝,次茧作丝绵。方法是先将次茧用水煮脱胶后,浸在水中篾席上反复捶打,再放在水中漂洗,就成为丝绵。正由于反复捶打,有些丝被打成残絮断丝遗留在篾席上,当残絮残丝铺满一张篾席时,这些沉

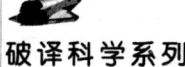

淀渣滓晾干后就粘成一张薄片，此乃最原始的纸。正如《说文·糸部》中所说："纸，丝滓也。"这表明最早的纸与"丝"的密切关系。西汉时期改用棉、麻之类纤维造纸，才出现真正的纸，这种麻纸在考古中已有出土。

公元105年，也就是东汉时期，蔡伦对造纸术作了创造性的改进，他采用树皮、麻头和渔网作原料，创造了新工艺，使纸张大大流行起来。

蔡伦造纸的新方法是把树皮、破布、麻头等材料用石臼捣碎，浸泡在水中溶解，然后用抄具抄出薄薄的一层纤滓，使它干燥成纸。这种方法，其基本点与现代造纸法相同。蔡伦以植物纤维为主要原料造出的纸，体轻价廉，当时人们称这种纸为"蔡侯纸"。

蔡伦发明造纸的动机是很有趣的。他是湖南耒阳人，是东汉王朝的宫中太监，他掌管的工作相当于后勤长官，同时又负责监制宫廷器物。当时，东汉王朝好不容易才统一了全中国，想从政治上广泛地把王朝的威严播及到全国各地，并留给后世。这种强烈的社会要求成了纸发明的动力。从某种意义上说，现代技术的开发，同样受到社会需要的刺激和推动。在这一点上，20世纪和过去没有什么根本的区别。

不久，根据蔡伦的抄纸法发展起来的造纸技术渐渐传到了海外。于8世纪传到了萨拉森帝国，于12世纪传到了西班牙，从此在欧洲广泛传播。当然，那时的造纸法都是人工操作，一张一张地生产。使用机器自动生产，那是很久以后的事了，直到1799年，法国的一位抄纸工路易·洛伯才发明了机器造纸。

鉴于蔡伦的伟大功绩，后人对他无限敬仰。中国造纸学会于1987年9月11日在北京科学会堂召开了纪念蔡伦发明造纸术1882周年大会，会议一致肯定和赞扬了蔡伦发明造纸术的历史功绩。此后，国际纸史协会（IPH）第20届代表大会于1990年8月18日至22日在比利时的马尔梅迪市举行。"与会专家一致认定蔡伦是造纸术的伟大发明家，中国是造纸的发明国"。

新闻纸的出现

世界各地纸的花色品种越来越多，用途各不相同。今天，全世界大约有1.2万种不同的纸。在这么多种纸中，用量最大的一种应该是用来印刷报纸的纸——新闻纸。

说起新闻纸，它的发明也有一段小故事。在新闻纸还没有发明之前，一般的纸都是用棉花、亚麻或破布之类作原料，这些原料的成本比较高，制成的纸张价格也就比较贵。因此，那时有的国家政府只能印刷少量的公报供官员阅读（这类"公报"后来就演变成向全社会发行的报纸）。然而民间只能靠交谈传播信息，口头讲的东西容易走样，甚至误事。因此，社会上强烈要求供应大量物美价廉的纸，用来印刷报纸。但是，一直找不到好办法。

1713年的一天，法国博物学家罗蒙尔（1683～1755）偶然在房檐上看到一个马蜂窝，小马蜂在窝边飞来飞去，忙个不停，这使他产生了浓厚的兴趣。罗蒙尔仔细一观察，原来是马蜂在房檐下筑巢！马蜂先飞到附近树木上钻孔，再将钻下来的木屑衔着飞回涂在巢座上，飞来飞去，反复劳作，渐渐便筑成了莲蓬状的马蜂窝。

罗蒙尔仔细观察马蜂窝，一边看一边赞叹不已。蜂窝分成了许多细致的格子，每格呈六角形，对称均匀，算得上是一件艺术品。令人惊奇的是，格子的壁薄得象纸，又匀称又结实。他想："我们应该向马蜂学习，利用细小的木屑，黏结起来不就成为一张纸了吗？"

1719年，罗蒙尔根据自己多年的研究写出了一篇专门的造纸论文，送到了法国科学院。

"……马蜂窝的巢壁是一种很薄的纸状物，它是马蜂从树木中提取碎木屑制成的……"罗蒙尔在论文里这样写道。当时在法国科学界产生了相当大的影响，但实际技术问题一直未能解决。

1738年，德国人希费尔（1718～1790）沿着罗蒙尔的思路，对马蜂窝继续进行了深入的研究。他将马蜂窝切碎，用清水浸泡，用锅蒸煮，终于使巢壁分解得到一丝丝长短不一的木材纤维。这表明自己与罗蒙尔的见解是正确无误的。然而，如何用人工的方法取得大批量木纤维？希费尔又找来各种植物，进行了试验。他费了很大力气，分离出了一些纤维，但毕竟由于设备不先进，也没有取得成果。

△ 16世纪的"阅读器"——拉梅利书轮

1844年，德国机械设计师凯勒也一直在思索分离木材纤维的技术问题。他开始同样重复罗蒙尔的老办法，刀砍、斧劈，都白费力气。有一次，他随手拾了一块表面粗糙的石块，反复摩擦木头，终于得到了一丝丝的纤维，很快就泡成了纸浆。这一下，凯勒高兴极了，他连夜绘图，赶造出第一台磨木机。这台磨木机生产出来的纸浆就叫磨木浆。它的性能松软，只需稍加筛选、洗涤、浓缩之后，就可由造纸机造出好纸来。

"磨木机效率高，生产量大，木头的价钱比棉、麻低得多，磨木浆的成本真便宜！"造纸厂的老板计划着，感到十分合算，格外高兴。由磨木浆造出的纸张，虽然有些脆性，容易发黄，但吸黑性又快又好，用它印刷报纸非常合适。因此，各地报社纷纷订货，使这种纸很快普及开来。这样，人们不约而同地就把这种以磨木浆为主要成分生产的纸，称作新闻纸。

探秘科学发明发现

电报的发明和应用

随着人们对于电的性质的认识不断深化,它的应用领域也得到了不断拓展。由于电能的优越性,人们发现它不仅是一种易于传输的工业动力,它还是一种有效而可靠的信息载体。最早将电作为一种信息传媒加以利用的是电报,而电报的发明是与许多位科学家的名字联系在一起的。

早在奥斯特刚发现电流的磁效应之时,法国科学家安培就曾试制过一种电报。他用26根导线连接两地26个相对应的字母,发报一端控制电流的开关,发送哪个字母就开启与之相连的电流;收报一端的每个字母旁各有一个小磁针,可以感应出连接该字母的导线中是否有电流。最初的电报就是通过这种电磁方式来完成信息的传递工作的,但由于这种发报装置过于复杂,难以推广应用。

美国物理学家亨利在电报的发展过程中起了重要的作用。当时电报面临的主要问题是电流在长距离传送中会大幅度衰减,到达接收地时会变得很弱,故而很难将信息准确传递到较远的地方。亨利创造性地提出在线路的中途加装电源,采用接力的方式传送信息,成功地解决了这一难题。

实用电磁电报的最终完善者是美国人莫尔斯。莫尔斯是19世纪美国的著名画家,一个很偶然的机会使他对电报产生了兴趣,并使他放弃作画改学电

△ 美国物理学家亨利

报。他先是结识了亨利,并从亨利那里学到了基本的电报理论和技术。为了克服电报装置过于复杂的缺陷以降低技术难度,莫尔斯对电流传输过程中的性质进行了较为深入的研究,他发现电流传输实际上可以看成只有两种状态,即接通和断开,因而它可以传输两种信号。据此,莫尔斯于1838年发明了用点和线组成的"莫尔斯电码",从此不再依赖26个英文字母的直接传输,大大简化了电报系统。1844年,莫尔斯说服了美国国会,由美国政府出资建成了从华盛顿到巴尔的摩全长64千米的电报线。从此,电报由实验阶段进入了实用阶段。

△ 莫尔斯

由于电报通信所具有的明显优越性,各个国家纷纷发展自己的电报业。1846年,英国成立了第一家电报公司,此后,在不长的时间里,欧洲各国的各大城市都有了自己的电报公司。随着社会经济的飞速发展,国际电报事业也整装待发。从19世纪中期

△ 莫尔斯电报机

开始,掀起了一股铺设海底电报电缆的热潮。先是英国和法国在英吉利海峡铺设了第一条海底电缆,沟通了两国的电报通信。此后不久,更长的海底电缆在大西洋底铺设完成,英美两国之间也建立了电报通信网。

电话的发明和应用

1876年2月的一天，贝尔和助手华生为发明电话而各自忙碌着，贝尔负责调试送话器，华生则在相隔一定距离的另一房间里调试受话器。由于长时间工作，又加上没有取得理想的效果，贝尔不禁有点儿心烦意乱，一不小心把蓄电池中的酸液打翻了，他下意识地喊了一声："华生，快来帮帮我"，另一房间的华生突然从受话机中清晰地听到了贝尔的喊叫声，他按捺不住心中的狂喜，迅速奔向贝尔的房间。贝尔在得知自己研制的电话已经能够传送声音时，一时激动得热泪盈眶。当天晚上，

△ 贝尔

他在写给母亲的信中说道："朋友们各自留在家里不用出门也能相互交谈的日子就要到来了！"

贝尔本是苏格兰人，由于受家庭影响，从小就对声学和语言学有浓厚兴趣，并因这方面的研究工作而逐渐有了较高的声望。1873年时，贝尔受聘于波士顿大学成为声音生理学教授，全家移居美国。当时，电报业发展得如火如荼，贝尔也参加了电报的改进研究工作，并对电信技术有了一定的了解。在一次关于发报机的实验中，当助手华生把粘在一起的簧片弹开时，贝尔的发报机的簧片也振动起来，发出了响声，并且这种响声还通过导线传到了另一个房间的仪器上。受此启发，贝尔有了关于"发音电报"或者叫"电话"的念头，于是他开始了电话的研制发明工作。从原理上看，只要将声波

的振动转化成电流的振动，人的声音就可以通过电线传送出去。现在的关键是，如何在物理方式上实现这种转化。经过多次的实验后贝尔发现，碳粉的密度可以较大幅度地改变电阻，从而改变通过它的电流强度。如果用钢膜夹住碳粉作话筒，那么当有声音时，声波对钢膜的冲击将改变被夹碳粉的密度。根据这一物理原理，贝尔首先制造出了送话器和受话器，后又经过多次的调试，终于在1876年2月成功地造出了第一部电话。

△ 当众测试电话的贝尔

一年以后，贝尔在马萨诸塞州演示了如何使用电话。贝尔通过电话与远在22.4千米外的波士顿的华生通话，他们两人在电话中唱歌、交谈，还交换了新闻。这使在场的人们都惊奇、兴奋到了极点。第二天，《波士顿环球报》刊登了这条新闻，并配以《电话传送——通过电线以人的声音发送的第一条新闻》的标题。这条新闻在北美各家报纸上互相转载，欧洲的科技杂志也进行了相关报道。此后不久，电话机就开始为公众所采用，电话用户数量在美国及世界各国以几何级数快速增长，人类终于实现了"天涯若比邻"的梦想。贝尔也因为发明电话而奠定了他在世界技术史上不朽的地位。

无线电通信技术的发明

1864年，英国科学家麦克斯韦的电磁学方程组建立，从理论上预言了电磁波的存在。二十几年后，德国科学家赫兹通过实验，实际测出了电磁波的存在。上述成就使人们立即意识到了电磁波的应用价值——利用它进行无线电通信。当时有许多科学家和技术工程师参与了无线电技术的研制工作，如1895年，英国著名科学家卢瑟福利用他发明的检波器可使无线电信号传输1.2千米；1896年，英国物理学家洛奇研制的电磁波接收器能够接收到800米以外地方的电波信号。真正将无线电通信研制达到实用阶段的，是意大利物理学家、发明家马可尼和俄国物理学家、电气工程师波波夫。

马可尼小时候就表现出对物理学特别是电学的浓厚兴趣，从13岁就立志要用电磁波来传递无线电信号。1894年，不满20岁的马可尼利用自制的发射机和接收机，以及他自己发明的垂直天线，收到了1.5千米以外发来的信号。由于在意大利不能获得支持，马可尼1896年孤身一人来到英国，其研究工作受到英国邮政总局总工程师普利斯爵士的赏识。在普利斯的安排下，马可尼进行了无线电收发现场表演，在邮政大楼顶上和相距约300米远的储蓄大楼之间，成功实现了无线电信号的发射和接收，在场的工业界、商业界和学术界的名流无不受到极大鼓舞。到1897年时，马可尼已经能使收发距离增加到16千米，同年，马可尼无线电报公司成立。马可尼的发明很快用于航海救险，他在英国普尔度建立了一个大发射台，采用音响火花式电报发射机发射信号，设在3200千米之外的收报机成功地收到了从普尔度发来的"S"字母。这次成功标志着无线电报开始进入远距离通信的实用阶段。马可尼因其在无线电发明上的卓越贡献，与德国物理学家布劳恩共同获得1909年的诺贝尔物理学奖。

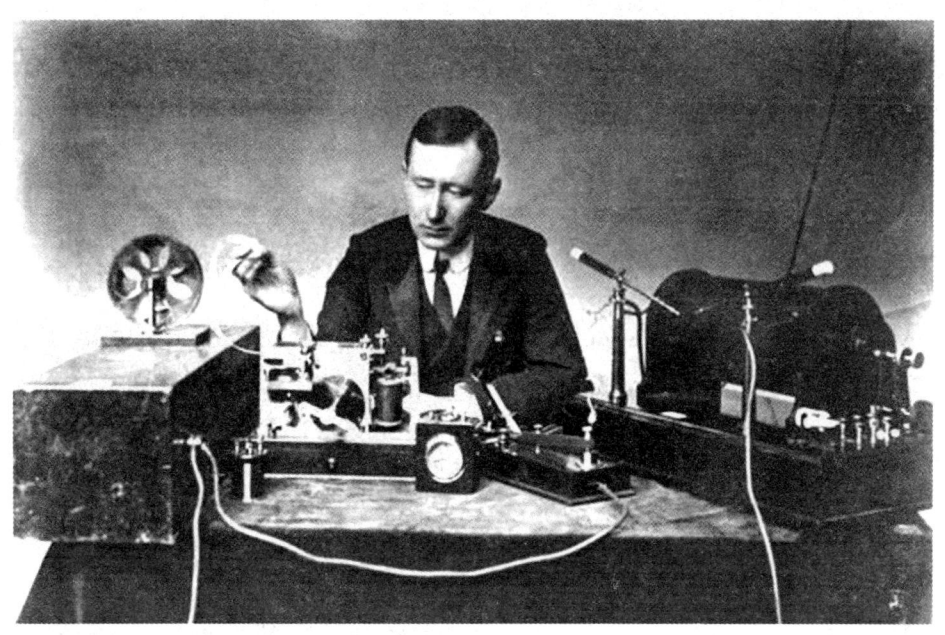

△ 马可尼正在进行通信实验

俄国物理学家波波夫,从1889年起就致力于研究用电磁波向远处发送信号。通过长期的研究,他首创接收机天线,为实现远距离接收打下了基础。1895年5月,波波夫在俄国物理化学协会物理部年会上宣读了论文《金属屑与电振荡的关系》,并将自己设计制造的"雷电指示器"进行了演示。波波夫所谓的"雷电指示器",实际上就是无线电接收器。当他的同事雷波金在一定距离的远处接通电磁波发生器时,波波夫的无线电接收机便响铃;断开发生器,铃声便中止。次年,波波夫和雷波金在俄国物理化学年会上,利用自己制作的无线电信号收发机,将一段莫尔斯电码传送到250米远的地方,电文为"海因里希·赫兹",用来纪念赫兹这位电磁波的发现者。到1898年,波波夫同俄国海军一道实现了相距10千米的船只与海岸间的通信,次年又达到了50千米的通信距离。波波夫的研究成果是卓著的,由于俄国沙皇政府未能及时给予支持,使波波夫发明的无线电报没有及时得到推广应用。

显微镜的发明

窥探丰富多彩的微生物世界或者探索生物体内的奥秘，都离不开显微镜。对显微镜的发明过去有几种不同的说法：有的说是1600多年前，由荷兰人詹森发明的，有的说是由另一位眼镜商利巴西制造出来的。不过，真正用显微镜打开微观世界大门的是荷兰人列文虎克，使人们第一次看到了数以万计的微小动物和植物。列文虎克一生共磨出419个镜片，写出375篇观察论文，从一个看门人成长为微生物学的创始人。

△ 列文虎克

列文虎克生于1632年，卒于1723年，是"借助显微镜看世界的第一人"。

16岁那年，列文虎克到一家杂货店当学徒，隔壁正好开着眼镜店，勤奋好学的他利用业余时间学会了磨眼镜，掌握了磨镜片的技巧。后来，杂货店倒闭，失业的列文虎克到处流浪，好不容易在自己家乡德夫特镇政府当了一名看门的工人。这时候，列文虎克再次想到了磨眼镜，决心用这件有趣的事儿打发无聊的时光。

1665年，列文虎克研制出第一台显微镜。

1675年的一天，列文虎克把镜片磨得又薄又干净，站在阳台上，用它来观察从空中落下的一滴滴雨水，竟然发现雨水里还有许多肉眼看不见的微小物体在游动。

"真是太有趣了。能不能磨出更好的镜子呢？"

这时候，列文虎克一心想看到更清楚的微观世界，想揭开微观世界里更多的奥秘。于是，他精心地磨制，不停地调试，镜片磨得发烫，手磨得起泡，都咬着牙坚持着，心中只有一个信念——磨得再好一些、看得再清楚些！

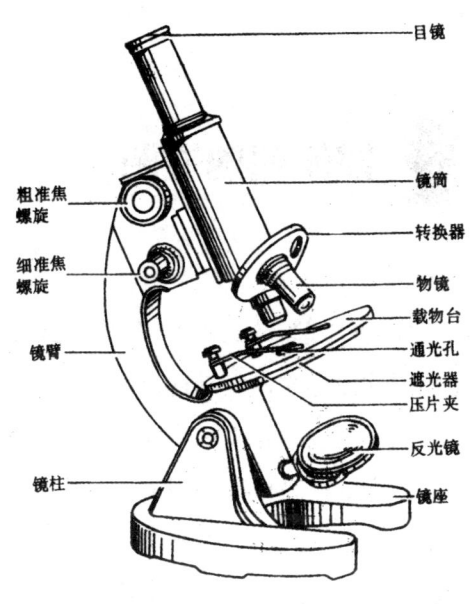

△ 显微镜结构图

后来，他把磨好的镜片固定在金属板上，并装上能够调节镜片的螺旋杆，相继制造出了两台放大150倍和270倍的显微镜。他利用这两台显微镜观察了血液，绘制了红血球和微血管图，打开了微观世界的大门，让人们看到了奇妙的微生物。

从此，许多科学家把心血用在对显微镜的改进和应用上。1931年，恩斯特·鲁斯卡成功地研制出电子显微镜，使科学家能够观察到百万分之一毫米那么小的物体，引发了生物学的一场革命，并被授予诺贝尔奖。现在，显微镜不仅是科学家从事科学研究的好帮手，也是医生救死扶伤中不可缺少的得力工具。

医院里化验大小便、血液、分泌物、染色体等，用的是光学显微镜，分辨能力只能做到十万分之四厘米到十万分之二厘米左右，比它更先进，看得更清楚的是电子显微镜、扫描穿隧式显微镜。电子显微镜诞生于20世纪30年代，它的放大能力比光学显微镜大1000倍。20世纪80年代末，科学家发明了扫描穿隧式显微镜，可以把物体放大上百万倍，甚至可以看到单个原子，为人类打开了原子世界的大门。

探秘科学发明发现

照相机的发明

160多年前,像乔治·华盛顿或托马斯·杰斐逊这样的历史伟人肖像不是用照片保存的,而是通过绘画才让后人可以一睹他们丰采的。19世纪20年代,法国医生约瑟夫·尼埃普斯发明了日光反射摄像,即用一个暗箱在一块涂了沥青的白蜡板上完成的。19世纪30年代,用银碘感光板来摄影,使摄影技术提高了一大步。英国发明家威廉·福科斯·塔尔伯特发明了"固定"银碘的方法,使照片对光和影不再发生反应。1888年,美国人乔治·伊斯特曼发明出了胶卷和小盒子照相机。从此,玩照相机不仅仅是一种时尚,也极大地丰富了人们的生活,把稍纵即逝的美好时刻长久地保留下来,成为现代文明的重要组成部分。

照相机的发明也经历了一个漫长的阶段。

2000多年前,我国的韩非子在他的著作里有这样一段记述:有一个人请画匠为他画像,可是3天以后他看到的只是一块木块,因而勃然大怒。可是,这位画师胸有成竹地说,"别急,请你修一座不透光的房子,在房子一侧墙上开一个大窗户,你就可以看到对面墙上你的画像啦!"画匠说得有板有眼,这个要求画像的人也只好将信将疑地照着这样做了。果然,墙上出现了自己的"画像"——当然,这"画像"是倒立的。

这就是物理学上的"小孔成像"原理,照相机正是根据这一原理研制而成的。

16世纪,意大利画家根据这一原理,发明了一种"摄影暗箱",具有了照相机的某些特征。这种"摄影暗箱"能不能称为照相机呢?不能,因为它并不能把图像记录下来,还要用笔把投影的像描绘下来,这只能叫投影,不叫摄影(照相)。

18世纪初中期,达孟尔发现一种特别先进的感光材料——碘化银,用它做成银板感光片进行感光处理才能较好地显现出图像来。至此,世界上第一架有实际意义的照相机问世了。

不过,那时候的照相机很笨重,体积大,搬运不方便,还没有发明电灯,照相要选择

△ 世界上第一台照相机

晴朗的天气,要让照相的人在镜头前端端正正地坐上半个小时,为了使自己姿容永留人间,达官显宦们还是要耐着性子等待的。

1858年,英国斯开夫发明了一种手枪式胶版照相机。有趣的是,斯开夫用这种照相机为维多利亚女王照相时,曾闹出了一场不大不小的笑话。当斯开夫用照相机对准女王时,她的卫士蜂拥而上,将他"一举擒获",事后才知道那"凶器"竟然是照相机。

1946年,兰德和宝利金发明了"一次成像"的照相机。拍摄一张照片,只需要短短的几十秒。现在,科学家又发明了不用胶卷的照相机。

照相机的发展从笨重到轻便,从有胶卷到无胶卷,从一次拍摄一张相片,到全息照相,这是一个漫长的过程,也是经过一代一代人不懈努力的过程。每前进一步,每完善一点,都要付出汗水和劳动,这就是发明创造告诉我们的最为简单、最为朴素的道理。

打字机的发明

"指动字成,字成指动;任你如何至诚,如何机智;难叫他收回成命消去半行,任你眼泪流完也难洗掉一字。"上述这首小诗,摘引自中古波斯诗人欧玛尔·海亚姆的名作《鲁拜集》。在使用拼音文字国家的人,大都把它看成打字机的写真。据美国《读者文摘》亚洲版记载,一位女打字员,当她的高级打字机出了毛病时,就幽默地引用这首诗,说明她不应该负任何责任。我们知道,在欧玛尔·海亚姆生活的那一时代,打字机还远未出世。但是,打字机的影响如此深入人心,以致造成了大家以为它与拼音文字是同时来到人世的错觉。

打字机的诞生,曾被西方历史学家称为是"人类文化史上继造纸术和印刷术之后的第三项文化工具的发明",给拼音文字"打"出了"书写革命"的"福音书"。

19世纪,办公室里办事员一统天下,他们坐在高级写字台旁,用手费劲地写着各种东西。订货单、发货清单、商务函件和报表,全都是用笔蘸墨水写成的,疲惫不堪。于是人们试图发明一种使这个工作变得容易些、快速些,并且更为有效的机器。

史载最早的打字机出现在1714年,一位名叫亨利·米尔的英国人首先登记了发明专利。据说米尔发明的这种机器,"无论什么文章都可以用它写在羊皮纸上,其整洁清晰的程度与印刷品毫无区别"。然而,没有人知道它的模样,甚至不能够描述它看上去像什么东西。如同不能相信一只抽象的烤鸡能填饱肚子,我们无法确定和相信米尔发明的这台机器。

相比之下,我们都认同这样一个说法——打字机是爱情的产物。

发明者叫邵尔斯,他的妻子在一家单位当秘书。由于妻子工作忙,经常

将做不完的工作带回家，连夜赶写材料，非常辛苦。邵尔斯怕把爱妻累坏了，经常帮助她抄写，有时写到深夜，两人往往都写得手酸臂疼。于是，邵尔斯就有了发明写字机器的想法。最初，邵尔斯打听到一个名叫白吉纳的技工曾与自己的一位朋友研究过写字机器，于是邵尔斯去找白吉纳。白吉纳很喜欢邵尔斯的认真劲，将他去世的朋友断断续续研究了十多年没有成功的写字机机体模型送给了邵尔斯。邵尔斯把这些写字机雏形的

△ 邵尔斯打字机

机件宝贝似的搬回家，开始了艰苦的研究工作。可是，研究到形状时他碰到了麻烦。因为字键在上、下的设计结构要求字臂不能太长，否则，就像树根一样盘在下面，既复杂又不实用。可是字臂太短，又不能运用自如，因此，使他的创造陷入停滞阶段。有一天深夜，邵尔斯工作得累了，到院子里去散步，回到屋里再想重新工作时，一抬头，看到他太太弯着背写字的侧影。就在这一瞥之下，邵尔斯内心深处激起一阵轻微的颤动：灯下那个美丽的影子，是多么感人的一幅画面！他觉得坐在那里的不再是他太太，而是他苦思冥想的打字机形状。如果把他太太的头当做字键，弯曲的臂当做字臂，这种结构不是很理想的设计吗？邵尔斯不禁跳了起来，喊道："姬蒂，我成功了！"正在聚精会神抄写东西的邵尔斯太太听到这一声喊，吓了一大跳，睁着充满惊恐的大眼睛，以为丈夫为搞发明神经错乱了。邵尔斯根据新产生的灵感，又改进了写字机的构造。经过4年的努力，终于在1867年冬天发明出世界上第一台打字机。就像后来出现的无数打字机一样，这种打字机有一个键盘、一些铅字连动杆和一条油墨丝带，虽然它笨重难看，但它的确是现代打字机的始祖。

从第一个打字机的出现到第一台有实用价值的打字机面世大约经过了150

年。由于能够借鉴各种初期打字机的研制经验,现代打字机本身的结构已是瓜熟蒂落,各式的打字机纷纷面世,人们慢慢喜欢上这种能为自己减轻负担的机器。

但在如何排列字母键的问题上,却遇到了不小的麻烦,解决这个问题的过程,则又是一个发明故事。

在美国南北战争硝烟滚滚的时候,林肯总统高举着《解放宣言》的伟大旗帜,把美国内战推进到"以革命方式进行战争"的重要阶段。在北方重镇芝加哥稍北一点的密执安湖畔,坐落着美丽的港口城市——米尔沃基。北方军队节节胜利的喜讯不断传来,使身为报馆编辑的克里斯托弗·邵尔斯分外激动。此时的邵尔斯,时刻挂念着战局的发展,迫切期望能尽快报道北军的战绩,可他的打字机却只能按一下停一下地一字一顿地断断续续打出字来,问题就出在键盘上。按照常规,邵尔斯把26个英文字母,顺序地排列在键盘上,ABCD,然后是EFG……为了使打出的字迹一个挨着一个,这些按键不能相距太远。打字的时候,只要手指的动作稍快,按键连着的金属杆就会你挤我,我挤你,相互发生干涉现象。邵尔斯决心解决这个问题。他找来一本字典,粗略地统计了英语中哪些是最常用的字母,然后重新安排了字母键的位置。他把所有常用字母之间的距离,都排得尽可能远一些,让手指移动的过程尽量延长。这种方法最终取得了成功。手指、按键、金属杆,有条有理地连续运动。"哒哒哒……"邵尔斯激动地打出了一行字母,如同印刷字一样精美:"第一个祝福,献给所有的男士,特别地,献给所有的女士!"邵尔斯"特别地"把他的发明奉献给妇女,他可能想到,要为她们开创一种亘古未有的新职业——"打字员"。邵尔斯发明的这种键盘,从1860年一直沿用至今,我们把它称作"QWERTY"键盘,因为该键盘第一行,从左至右排列着这六个字母。

不过以现在的目光看,邵尔斯发明的键盘实在不怎么样,它的字母排列方式缺点太多。例如,英文中10个最常用的字母就有8个离规定的手指位置太远,不利于提高打字速度;此外,键盘上需要用左手打入的字母排放过多,因一般人都是"右撇子",英语里也只有3000多个单词能用左手打,所以用起来十分别扭。有人曾作过统计,使用QWERTY键盘,一个熟练的打字员8小时内手指移动的距离长达25.7公里,一天下来疲惫不堪。遗憾的是,千百人的习惯沿袭下来,QWERTY键盘今天仍牢牢占据着计算机的输入领域,虽然有人早就设计出更科学的键位排列,却始终成不了气候。现代计算机键盘根本不存在金属棒之类的累赘,这当然是邵尔斯始料不及的事。但QWERTY键盘的出现比起最初的一字一顿的打字方法快了许多,也促使了人们对打字机的喜欢程度。

那一时期美国的报纸记载着许多打字趣事。

——1875年,纽约一家报纸刊登了世界上最早的打字员招聘广告,非常诱人地声明每周工资20美元,相当于女售货员一周工资的3倍。

——1877年,世界上第一期打字员培训班在纽约开学,仅招收了8名学员,学期半年。学生结业后,立即找到了一份高薪工作。

——1888年,在美国举办了世界上最早的打字比赛,速记员马加林领走了500美元奖金。他的表演令观众大开眼界,人们第一次看到"盲打"的威力:马加林能够不看键盘,双手并用飞快地击键。类似的打字公开赛,后来经常在全球各地举行。有一届的世界打字冠军为印度的牙科医生辛格获得,他的打字速度平均可达每分钟493键次,而且每打1万个字符,只有3个出错,准确率高达99.97%。

专业打字员们的表演,造成了极大的轰动效应。打字机制造商们抓住时机,推波助澜,不断改进和生产出性能更良好的机器,有台式的、便携的、手提的、电动的,林林总总。"忽如一夜春风来",使用拼音文字的文化人开始了"换笔",打字机顺理成章地走进了欧美人的办公室和家庭。

如果说文字本身的变革以及笔墨纸砚的创新,是人类发动的第一次书写革命,那么,打字机的普及,就是奏响了人类社会第二次书写革命进程中最强的音符。

探秘科学发明发现

静电复印机的发明

在当今"信息爆炸"的时代,复印机成了人们不可或缺的专用工具。人们在几秒钟的时间内,就能完成一份文件的复制,从而摆脱了繁重的抄写工作,并由此促进了信息的传播。然而,人们也许不知道,复印机的发明凝聚着一位杰出发明人20多年的光阴和心血。

这个人就是卡尔森——美国纽约市的一个发明爱好者。

卡尔森12岁时,个子长得又瘦又高。为了帮助父母养家糊口,他在加利福尼亚州圣贝纳迪诺干零活。14岁那年,他挑起了抚养双亲的重担,每天早早就得起床,上学前先去商店擦玻璃橱窗,下午还得去银行和报社打扫,每星期六要从早晨6点一直忙到晚上6点。他的父亲是一位流动理发师,由于关节炎和肺病而无法工作。母亲也患有肺病,长年卧床不起。

生活上的重担几乎压得卡尔森喘不过气来,许多小孩子处于这种压力下早就退学了。但是,卡尔森顶住了。当他念初中时除了看门的工作外,还在印刷厂当学徒。高中时他除了继续干擦洗玻璃窗、打扫地板等活计外,还利用星期六和星期天在化学实验室工作。他先进入里弗赛德专科学校学习,然后又在加利福尼亚州理工学院念书。他艰苦奋斗了5年,可是,他却欠了1400美元的债。

1930年,工作特别难找,卡尔森给82家公司写信要求工作,但是只有两家公司给他复函,还表示不能雇用他。最后,卡尔森总算在纽约一家电子公司的专利部门找到了一个固定的工作。在那儿复制文件和图表之类的麻烦事给他留下了不可磨灭的印象。

手稿必须重新打印出来,图表得送到照相复印公司去复印,这既花钱又费时间。他心想如果在办公室里有一架机器,只要把原文本塞进这架机器

△ 卡尔森与他的第一台复印机

里,一按电钮就可得到一模一样的复本,那该有多好呀!1935年,他开始着手研制这种机器。当时人们同现在一样,总认为没有设备完善、规模巨大的实验室就不可能有重大发明。29岁的卡尔森,瘦瘦的个子,虽然两眼近视,却是个意志坚强、锲而不舍的人。他单枪匹马埋头干了3年,细心观察光怎样作用于物质,并探索图像从一张纸传到另张纸上面的独特方法。星期六、星期天和每天晚上,纽约公共图书馆内都留下了他勤奋学习的身影,甚至在地铁里他也在思考问题。对他来说,时间永远不够用,因为他身负三副重担,白天他得努力工作来保住他的饭碗;夜晚去夜校读书,以便取得学位;百忙之中还要实现他的夙愿——研制复印机。通过理论上的探索,他终于掌握了静电学。1937年,他正式提出申请,要求获得"静电摄影法"的专利权。卡尔森确信他已掌握了静电复印的基本概念,但是他还得把理论用于实际。他把自己唯一的一间起居室的壁橱改成临时实验室,但结果证明它不适应实验需要。因此,他在长岛的阿斯托里亚租了一小间简陋房子,在里面配备了实验用的物品。另外,他节衣缩食,用节省下的钱雇用了一位实验助手,帮他一起做实验。

1938年10月22日,在这间简陋的房间里,卡尔森用墨水在一块玻璃板上书写了"阿斯托里亚1938.10.22"几个字,又用一块布手帕在涂硫金属板上拭擦,使它带上电荷,然后隔着写有字的玻璃板,在泛光灯下将这块金属板曝光3秒钟,又在板上显示出来了。接着卡尔森又把一张蜡纸平压在涂硫的金属板上，纸上也复印出了相同的字。这就是世界上最早的静电复印，以后这种方法被命名为"静电印刷术"。然而，对卡尔森来说，以后几年的经历并非一帆风顺的。根据他的图纸设计生产的各种复印机总不能使他满意。他想方设法推广这种机器，以引起人们的注意，可是他发现人们对他的发明漠不关心。1939～1944年间，包括雷明顿·兰德和国际商业机器公司在内的二十多家公司拒绝接受卡尔森的新产品。尽管美国全国发明者理事会看到复印机的需要，但却否定了卡尔森的制作法。

卡尔森仍不断地向四处发信、打电话，以加强他的专利权地位。1944年，他专程到了俄亥俄州的哥伦布市向非营利性工业研究机构巴特尔纪念学院表演了他的制作法，"巴特尔"表示同意从事复印机的发展工作，但要将收益的60%付给该学院。然而，制造商们对此仍毫无兴趣。其中有的人把卡尔森制作法称为"粗糙或玩具式器具"。

根据合同，"巴特尔"用于研究静电复印机付出的费用超过某个限度时，卡尔森就得多付15000美元。卡尔森取出自己的银行存款，好言劝其亲属慷慨解囊，帮助他凑足资金。不久，势头开始变了。纽约罗彻斯特的一家小公司开始为卡尔森作小笔推销。1947年4月，卡尔森收到了巴特尔公司汇出的第一张2500美元专利支票。但直到1950年，静电复印机才在市场上出售。此后又过了10年，该公司生产了914型书桌大小的复印机，人们只要一按电钮就可以在一般的纸张上得到干印复本。

当时，在市场上出售的复印机有好多种型号，其中有伊斯门柯达克公司的一种采用化合显影剂的"湿写"复印机和明尼苏达矿业公司的一种利用红外线灯光热量在纸上形成图像的"热写"复印机。而静电复印机突出的优点是：这种复印机用干写法，不需要化学药品或特殊的纸张，而加工出的复印件质量特别好。

静电复印机，在我国是20世纪70年代后期被广泛地应用起来的一种复印工具。它作为现代办公室用品大踏步地走进办公室，日益受到人们欢迎。

洗衣机的发明

1858年，美国人史密斯制成了世界上第一台洗衣机，该洗衣机的主件是一只圆桶，桶内装有一根带桨状叶子的直轴。轴是通过摇动和它相连的曲柄转动的。同年史密斯取得了这台洗衣机的专利权。这台洗衣机使用时费力，且损伤衣服，因而没有得到推广，但它却标志着用机器洗衣的开端。

△ 首台电动洗衣机

次年在德国出现了一种用捣衣杵作为搅拌器的洗衣机，当捣衣杵上下运动时，装有弹簧的木钉便连续作用于衣服。19世纪末，洗衣机又有了发展，用手柄转动八角形洗衣缸，洗衣时缸内放入热肥皂水，衣服洗净后，由轧液装置把衣服挤干。

第一台电动洗衣机是由美国的费希尔于1910年在芝加哥制成的。但这种电动洗衣机进入市场后，销路并不佳。洗衣机真正被人们接受，是在第一次世界大战之后。

1922年，美国的斯奈德发明了一种搅动式电动洗衣机，并在伊阿华州批量生产，该洗衣机因性能大有改善，一投入市场，就受到人们的普遍欢迎。第二年，德国厂商也生产了一种用煤炉加热的洗衣机。这种洗衣机有一个开有小孔的容器，衣服放入后，由电动机带动和容器相连的轴，使容器不断顺逆转动。第一台自动洗衣机于1937年问世。这是一种"前置"式自动洗衣

 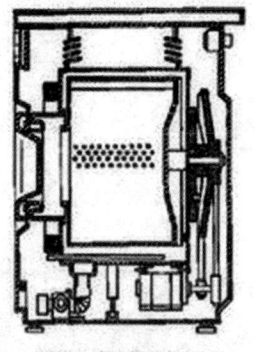 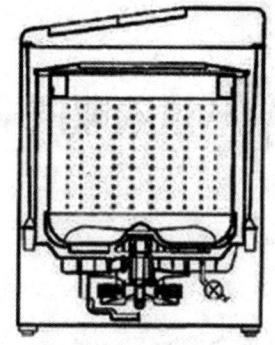

图1 搅拌式洗衣机　　图2 滚筒式洗衣机　　图3 波轮式洗衣机

△ 洗衣机的发展历史

机。靠一根水平的轴带动洗衣缸，洗衣缸可容纳4000克衣服。衣服在注满水的缸内不停地上下翻滚，使之去污除垢。到了20世纪40年代便出现了现代的"上置"式自动洗衣机。

全自动洗衣机主要特点有：

一、经济实惠。目前，专业洗衣店水洗衣物平均价格在1.5～2元/斤；而自助洗衣机是3.5元/8.5斤，即0.42元/斤，低廉的价格，至少节约70％的洗衣费用。

二、节省时间，节省体力，减轻手洗之苦，将更多的时间、更多的精力用于工作学习。

三、节约用水。自助洗衣机控制水的使用量，避免人工洗衣诸如忘关水龙头、无节制用水等浪费现象，从而节省30～50％的用水量。

四、消毒卫生。洗衣机配备日常专用的消毒设施，能消除各种细菌和病毒，从而提高卫生质量。

五、完善设施。自助洗衣机的使用后勤服务更加完美，充分体现了后勤社会化、商业服务人性化的先进理念，使大家足不出户即能洗衣。从而方便生活，愉悦身心。

高效纺纱机的诞生

詹姆斯·哈格里沃斯（1740~1778）是一个英国纺织工人，他的妻子也在英国兰开夏的一个小村庄的家中纺纱。

最早期的纺纱工具十分简单——一个纺锤和一根卷线棒。用手摇动纺锤，它就像陀螺那样旋转，就可以把松散的纤维捻紧成纱线，然后缠绕在卷线棒上。这种原始的工具经过印度人改良之后制成了纺车。英国人约翰·怀亚特（1700~1766）和刘易斯·保罗（？~1759）于1733~1738年合作研制，将纺车改进为纺纱机——1738年申请专利，1758年获得专利。纺纱机以机械替代手工旋转纺锤，但是也只能纺出一根纱线。

1733年，英国机械技师约翰·凯伊（1704~1764或1774）发明了织布的"飞梭"。自从英国各工厂用上飞梭之后，棉纱就经常供应不上，常停工待料。为此，英国皇家艺术学会曾在1761年专门悬赏快速纺出棉纱的机器——"一次纺6根毛线、亚麻线、大麻线或棉线，而且只要一个人开机器或看机器"。尽管如此，新的纺纱机的研制工作，仍收效甚微。

哈格里沃斯就是这停工待料闲在家中的"待岗工人"之一。不过，他是一个闲不住的勤快人，他想把旧的纺车进行改造，以便让一个人纺出的纱可供几个人织布用。

1764年的一天，哈格里沃斯在妻子去准备早餐的时候，同往常一样，他坐在妻子的纺车旁，摇动纺车，纺起线来——边纺边考虑改造纺车的问题。早餐做好了，妻子叫他吃饭。他一边答应一边吃力地站起来，一不小心，就把纺车碰倒了。手摇纺车上的纺锤从水平方向变成了垂直于地面的竖直方向，立了起来，但仍然骨碌碌地转动着。这时，哈格里沃斯望着直立转动的纺锤出了神。原来，他从偶然碰翻的纺车而纺锤仍然转动的现象中，得到启发,产生了灵感。

"亲爱的,快过来,"他顾不上吃饭,兴奋地把妻子喊来,谈了他的设想,"如果在一个框子里并排竖直立上几个这样的纺锤,用一个纺轮带动它们同时转动,不就可以同时纺出几股纱线吗?"他的妻子被他的设想打动了,鼓励他试一试。

简单吃过早餐之后,哈格里沃斯立即开始动手试制立式纺锤的纺车。通过1年的试验和改进,他在有4条木腿的一个框子上并排放了8个纺锤,机下有转轴,机上有滑轨。用手摇纺轮,果然能同时纺8根线。也就是说,一个人纺的线能顶8个人。

世界上第一架高效纺纱机就这样在1765年诞生了。夫妇俩用他们的女儿珍妮的名字,取名为"珍妮纺纱机"。1770年,珍妮纺纱机获得了专利。

快速织布的需求而诞生了飞梭,采用飞梭之后纱线跟不上,就必然会诞生效率更高的纺车,所以纺纱机的诞生仅仅是时间的问题。发明家的责任就是让新的发明早一天诞生,但这些发明又不是发明家头脑中固有的,所以,一些偶然的机会能使"有准备的头脑"完成这些"简单"而重大的发明。

然而,珍妮纺纱机却没能给哈格里沃斯一家带来好运——许多手工纺织的妇女等人闻讯冲进他家,怒气冲冲地把新型纺纱机砸得粉碎。原来,效率高的纺纱机问世之后,将使她们成为"下岗工人"。由此可见,新生事物不但要过冲破传统观念的壁垒,还要通过人们的利益关隘——曲折的科学之路的一个方面。这可以在科技史上找到数不清的例证:波兰天文学家哥白尼(1473~1543)的日心地动说,触犯了教会的利益而遭到反对;汽车诞生的时候,英国的马车主群起而攻之;人物肖像画家们反对法国发明家达盖尔(1787或1789~1851)的摄影术,认为这会抢了他们的饭碗而纷纷上书政府,要求取缔摄影术。

之后,又经多次改进,珍妮纺纱机的纱锭从8个逐步增加至18个、30个、80个……效率极大地提高了。珍妮纺纱机很快被各工厂采用,从根本上缓解了一度困扰着英国纺织业的"纱荒"。恩格斯称它为"英国工人的状况发生根本变化的第一个发明"。

1769年，英国钟表匠查理德·阿克莱顿（1732~1792）发明了用水轮驱动皮带转动的"水力纺纱机"即"翼锭纺纱机"，并在同年获得发明专利。它比珍妮纺纱机的效率更高，纺出的纱线结实而紧密。虽然阿克莱顿的发明也曾遭到珍妮纺纱机类似的命运——一座纺织厂被砸而停产。但最终他还是办了许多纺纱厂和纺织厂，对英国经济发展起了重要促进作用——因此被英国国王封为爵士。

英国人塞缪尔·克朗普顿（1754~1827）当纺织工人的时候，使用过珍妮纺纱机，熟知它的优缺点。经过数年的苦心钻研，他在1779年发明了"走锭纺纱机"。由于它兼具珍妮纺纱机和水力纺纱机的优点，所以英国人戏称为"纺纱的骡子"，以后就定名"骡机"。"骡机"纺出的纱线细而且坚韧，在当时的纺织厂中用得很普遍。

走锭纺纱机、飞梭和珍妮纺纱机，被称为18世纪英国纺织工业的"三大发明"。

近100年过去了，纺纱机也已改进过几代，但立式纺锤纺纱机的基本形式，仍然是珍妮纺纱机的这种竖直的纺锤式纺纱机。

1828年，美国人发明了"环锭纺纱机"——最多可装500个锭子，锭子转速超过2000转/分钟，纱筒绕满后可自动更换，因而生产速度很高。现代的纺纱业普遍使用的就是"环锭纺纱法"。

1965年，捷克人又造出一种更快速的新式纺纱机，名叫"转子纺纱机"。它的基本部件是一个转速高达60000转/分钟的转子，它的产纱速度是环锭纺纱机的6倍。到了20世纪70年代，很多国家纷纷采用了这种纺纱机。

后来，人们又发明了多种纺纱机。例如，利用自由端纺纱法的纺纱机（转杯纺纱机、静电纺纱机和涡流纺纱机）、自捻纺纱机、无捻纺纱机、包缠纺纱机等。

51

板块构造学说的建立

美国科学家赫斯与迪茨在20世纪60年代初提出海底扩张说以后,对于这一学说的前途,他们自己也感觉心中没底。但仅仅过了两三年的时间,随着一系列新的重要证据的相继出现,海底扩张说逐步完善起来。这期间除了美国科学家赫斯等人之外,加拿大科学家威尔逊、英国科学家瓦因和马修斯等人,对于海底扩张说的发展都作出了重要贡献。

1965年,威尔逊、赫斯访问剑桥,与布拉德、马修斯、瓦因一起讨论了关于大陆漂移的许多理论问题。经过他们的共同努力,使海底扩张说发展成为板块构造学说。经过分析研究,他们发现大陆在一亿多年的漂移过程中,其轮廓几乎没有发生变化。于是他们设想,所谓大陆的漂移,只不过是形状固定的坚硬大陆板块在地幔软流圈上的移动,其动力是地幔对流引起的海底扩张,而海底扩张驮着覆盖其上的一对板块沿海岭轴向两侧拉开。

△ 魏格纳是德国气象学家、地球物理学家,1880年11月1日生于柏林,1930年11月在格陵兰考察冰原时遇难。被称为"大陆漂移学说之父"。

板块构造学说一经提出,立即引起了学术界的极大关注,各国科学家纷纷加入了研究者的行列。1968年,法国地质学家勒比雄和英国剑桥大学的麦肯齐等青年学者把全球板块分为六块,即太平洋板块、印度板块、欧亚板块、非洲板块、美洲板块和南极洲板块。后来又有人把它分成了九块,在大

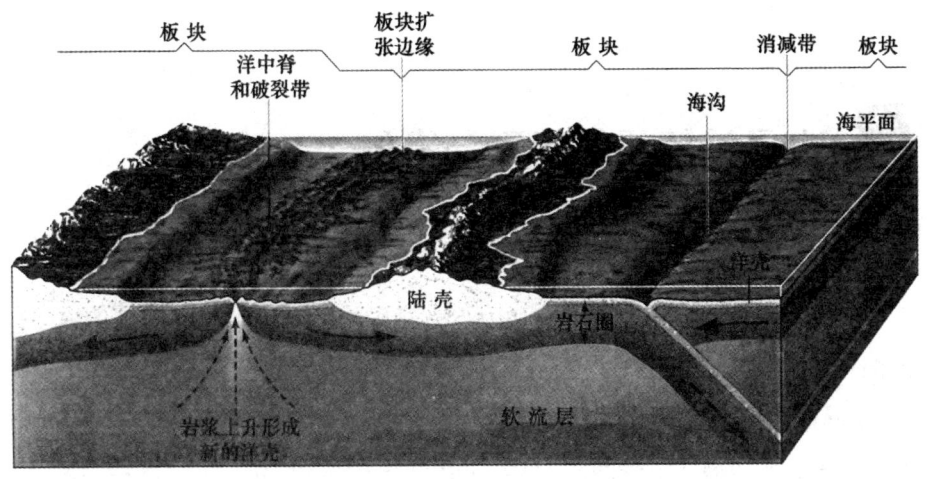

△ 板块运动

块之外还有许多小块。各个板块在不断移动，不断更新；大陆则分久必合，合久必分；大洋则扩张了又封闭，封闭了又扩张。

从大陆漂移说，到海底扩张说，再到板块构造说，被认为是一个主题的三部曲，它们的具体内容虽然不同，但其思路是一脉相承的。海底扩张说为大陆漂移说解决了最大的动力难题，板块构造说则是海底扩张说的引申和总结。板块构造学说的建立，使人们认识到板块运动是地球运动的一种基本形式，进而从整体上对我们这个地球的运动形式加深了了解。地球表面的地壳，既有垂直方向的起伏，也有水平方向的漂移；地表的海陆在变化，地下的物质在循环，整个地球处于生生不息的运动变化之中。

到20世纪60年代末，除少数科学家外，大多数地球物理学家都赞同板块构造学说，有人认为它在地球科学中的地位，就像血液循环学说对于生理学，进化论对于生物学一样重要；有人则干脆把它看做是地学上的一场哥白尼革命。

电子计算机的出现与发展

1945年底，由美国人莫克莱和埃克特领导的研究小组，研制成功第一台电子计算机，即ENIAC机。它是一个庞然大物，重30吨，占地167平方米，使用了18000只电子管，功耗高达150千瓦。它还存在一个最大的问题就是，其计算程序是外插型的，需要花很长时间先将程序准备好，这就大大影响了运算速度。1946年，美国数学家冯·诺伊曼提出了一个名为EDVAC（离散变量自动电子计算机）的方案，对原来的计算机在以下两个方面进行了改进：一是用二进制代替十进制，进一步发挥电子元件的速度潜力；二是将程序存贮起来，使运算的全过程均由电子自动控制，进一步提高运算速度。改进后的EDVAC机型也叫做冯·诺伊曼机，第一台这样的电子计算机于1949年在英国剑桥大学试制成功，此后电子计算机进入工业生产阶段。在此后的大约10年时间里，电子计算机所用的主要元器件一直是电子管，这被称为第一代电子计算机。它仍然存在体积大、重量大、功耗大等缺点。

1948年6月，美国贝尔实验室的科学家成功发明晶体管，由于它具有体积小、重量轻、耗能低等优点，立即被用于电子计算机的研制。经过十余年的努力，贝尔实验室终于在1959年由美国菲尔克公司研制成第一台大型通用晶体管计算机，这标志着电子计算机的发展进入了第二代。由于使用晶体管逻辑元件和快速磁芯存储器，使计算机的运算速度提高到每秒几十万次。

1964年4月，IBM公司宣布研制成功360系列计算机，它标志着计算机进入了第三代。第三代计算机在元器件上的最突出特点是首次使用了集成电路，使运算速度更快，存储量更大，体积更小，价格更低。

进入20世纪70年代后，由于集成电路研究的迅速发展，大规模集成电路被应用于计算机，从而使计算机发展到了第四代。此后，计算机向微型

△ 世界上第一台电子计算机

化和巨型化发展,其中微型机以INTEL公司于1970年发明的第一个微处理器INTEL4004为标志,不久后个人计算机进入办公室和家庭。与微型机迅速发展的同时,巨型机也取得了令人瞩目的成就,1976年由美国CDC公司研制的巨型计算机,虽体积缩小,但功能更强大,其运算速度达每秒2.5亿次。到80年代,巨型机的运算速度又提高了一个数量级。

　　电子计算机的出现,使人类认识自然和改造自然的能力大大提高,由于它能模拟人脑的部分思维功能,使人的智力得以物化和放大,解决了许多以前只靠人的脑力根本无法解决的问题。随着计算机的迅速发展和日益广泛的应用,开辟了一个信息化时代,对人类社会的政治、经济、文化等各个方面,都产生了重大而深远的影响。

激光技术的发展及应用

激光是20世纪最大、最实用的发明。与普通光相比，激光具有亮度高、方向性好、相干性好和单色性强等特点。激光技术则是探索开发各种产生激光的方法以及探索应用激光的上述特性为人类造福的技术。激光由激光器输出，因此激光技术的一项重要内容就是激光器的研制。

为了获得激光，各国科学家进行了广泛研究，其中获得突出成就的是美国科学家C·H·汤斯和A·L·肖洛。1958年，他们在《物理学评论》杂志上发表了题为《红外和光学激射器》的论文，指出了

△ 梅曼展示世界第一台红宝石激光器

激光器的可能性和主要条件：在光源中，处在高能级的发光原子数目比在低能级的原子数目多，这就是所谓能级粒子数反转。光是原子从高能级向低能级跃迁时产生的，有两种原因可以引起原子的跃迁：一种是原子内部运动状态变化引起的，称为自发辐射跃迁；另一种是由外来光子诱导发生的，称为受激辐射跃迁。受激辐射有一显著特点，即其频率、偏振方向、传播方向均与诱导光子相同。显然，如果光源中的发光原子大都做受激辐射跃迁，那么发出的光就朝向一个方向传播，而且差不多只有一个频率，这就是激光。从理论上搞清了激光的发射机制后，下一步的目标就是制造出发射激光的激光器来。

世界上第一台激光器是用红宝石做工作物质的，是1960年美国休斯研究

实验室的T·梅曼研制成功的。起初，他对于采用什么样的工作物质也有过犹豫，因为有的学者曾指出，不能指望用红宝石做工作物质取得成功，因为它需要的泵浦强度太高，技术上不容易达到。还有的学者撰文指出，红宝石的发光量子效率很低，只有1%左右。但梅曼与其

△ 世界第一台红宝石激光器

他材料对比后发现，用红宝石可能会有困难，但用其他材料遇到的困难会更大，于是他决定还是用红宝石。经过进一步的测量，梅曼发现红宝石的发光量子效率高达75%，他还发现氙灯的色温可以达到8000K，远远超过达到能级粒子数反转所需要的5000K的温度。经过这些分析，梅曼坚定地选择了红宝石做他的第一台激光器的工作物质，并最终取得了成功。

第一台激光器问世后不久，包括我国在内的许多国家都研制激光器成功。随着激光技术逐步走向成熟，它的应用领域越来越广泛。激光技术应用于人类的日常生活，可以帮助人们实现粮食增产，改良果树品质，提高医疗技术水平以及带来艺术享受；激光技术应用于工业生产领域，由于其在精密加工、信息处理、计量检测方面的巨大发展潜力，所创造的产值正与日俱增；激光技术还被应用于军事，在激光制导、激光侦察等方面已经开始大显身手。

磁悬浮技术的来龙去脉

公元2002年的最后一天,世界上第一条磁悬浮商业性示范运营线在上海实现了"零高度飞行"。一直被视为天方夜谭式的磁悬浮技术,最终化为实实在在的架在空中的轨道梁和在它上面"飞"行的流线型高速列车。乘客从龙阳路站上车很快就能到达浦东国际机场,途中30千米的距离只花了8分钟,更让您在这会"飞"的列车上产生了一种奇特的体验。

人类自20世纪60年代开始研究和开发磁悬浮列车以来,目前世界上除德国和日本各有一条磁悬浮列车试验线路之外,尚未出现一条真正投入商业运营的磁悬浮列车。那么,在中国上海浦东率先兴起世界第一条商业性磁悬浮列车线,它将意味着什么,这是海内外都关注的新鲜事。

一、列车何以会"飞"

大家都知道,传统的铁路列车都是依靠车轮和钢轨之间的相互作用,并利用诸如蒸汽、燃油、电力等各种类型机车牵引来实现旅客或货物运输功能的,而磁悬浮列车则完全不同。

1922年,德国工程师赫尔曼·肯佩尔首先提出"磁悬浮"的构想。磁悬浮列车包含两项基本技术:一是使列车悬浮起来的电磁系统,即用电磁力将列车浮起而取消传统的轮轨;二是用于牵引的线型发动机,亦即直线电动机。这种电动机的原理,早在18世纪末就已经出现,形象地说,就是把圆形旋转电机剖开并展延成直线型的电机结构。它依靠铺在线路上的长定子线圈极性交错变化的电磁场,根据同性相斥、异性相吸的原理进行牵引。列车被驱动高速行驶,从而取消了通常电力机车的受电弓,实现了与地面没有接触、不带燃料的地面飞行,成为最新颖的第五代交通运输工具。从形式和机理类型方面看,有专家认为,"磁悬浮"作为一种新的交通方式,不排除它将成为继"海陆空"之后的"第四大交通工具"的可能。

在肯佩尔的主持下，经过漫长的研究，世界上第一列磁悬浮列车小型模型于1969年在德国出现。1971年，德国又造出了世界上第一台功能较强的磁悬浮列车。日本研制成功磁悬浮列车则是在3年之后。仅仅10年后的1979年，磁悬浮列车技术便创造了517千米/小时的速度纪录。

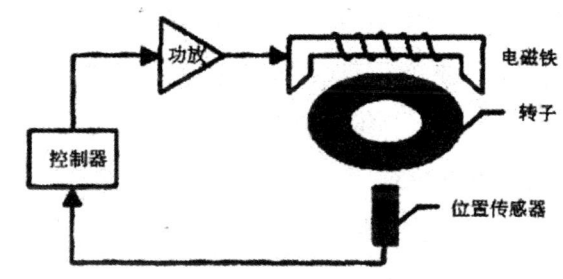

△ 磁悬浮系统示意图

"线形发动机"为磁悬浮列车提供驱动力，所以它是磁悬浮技术的关键。它就像平面展开了的电动机，各部分既隐藏在列车（支撑磁铁）里，又在导轨（定子）中。这种"线形发动机"所产生的运动并非旋转，而是直线运动。由此，磁悬浮列车具备3个磁铁系统：

其一，位于列车底部，由电力控制的支撑磁铁在磁力的吸引下向导轨上的定子靠近，使列车悬浮在导轨上方。

其二，导向磁铁与钢轨的横向距离保持恒定不变，以确保列车在导轨上平稳行驶。

其三，"线形发动机"驱动列车向前行驶。

磁悬浮列车的电磁力来自电磁铁。这种电磁铁只在通电时才产生磁性。根据所采用的电磁铁的种类，又可分为"常导吸引型"和"超导排斥型"两大类。常导型磁悬浮列车是以常导磁铁和导轨作为导磁体，用气隙传感器来调节列车与导轨之间的悬浮间隙大小，通常的空隙在10毫米左右。这样的磁悬浮列车，运行速度一般为每小时300千米到500千米。而超导型却是利用超导磁铁和低温技术实现列车与导轨之间悬浮运行的，它的悬浮间隙一般在100毫米上下。这种磁悬浮列车行驶快捷，最高运行速度可以达到每小时1000千米。

由此可见。磁悬浮列车与传统轮轨列车的突出区别，在于它没有车轮和钢轨。正因为这样，它不仅不存在轮轨摩擦、黏附、碰撞等因素而限制着列车运行速度的问题，而且还具有传统轮轨列车无法比拟的稳定、安全、节能、少污染、易维护等许多优点。磁悬浮列车能耗确实很少，只是普通高速列车能耗的1/3。整个列车既无烟囱，也没有排气管，所以无废气可排；噪声也相对很低，对环保非常有利。"磁悬浮"的结构是让车身底部环抱在路轨上，因此根本不会发生翻车事故，也不用系安全带。可以说，它的平稳舒适性远超过其他各种交通工具。

二、第一批"吃螃蟹"的人

目前，在世界磁悬浮技术领域中，日本和德国两个国家占据领先地位，德国现在拥有一条长34千米的哑铃式载人磁悬浮列车试验线，最高设计时速500千米，载客时速一般为420千米。在试验线上运行的TR-08型新款磁悬浮列车，从启动到加速、减速直至停车，绕线路两圈还不到10分钟时间。这条试验线地处德国拉滕市，它已安全运行了15年，累计运行里程达67万千米。历年来参观的人数达到80万之众，人们乘坐时无不感到新鲜。

至于日本，目前建成的是一条长18.4千米的超导磁悬浮列车试验线，最高时速可达550千米。这种"超导磁悬浮"的悬浮间隙为100毫米，列车离地面间隙越大，无疑比"常导磁悬浮"的10毫米间隙更能抵御地震灾害对列车运行的影响，因为日本是一个多地震的国家，这正是研制"超导排斥型"磁悬浮的初衷。

2000年7月2日，时任我国政府总理的朱镕基正在德国访问，他在德国官员的陪同下参观了埃姆斯兰磁悬浮列车试验中心，受到热烈欢迎。朱镕基登上了整装待发的磁悬浮列车，16分钟跑完了63千米，平均时速250千米，最高时速达407千米。朱镕基在试验中心的欢迎仪式上发表了热情洋溢的即席讲话，他说："我们今天亲身体验了磁悬浮列车，感到这项技术是成熟的，是可以应用的。"朱镕基希望通过中德合作，尽快实现我国在上海兴建的磁悬浮列车线路示范项目。

我国目前也已掌握了磁悬浮列车的关键技术。国防科技大学承担的国家"八五"重点攻关项目——磁悬浮导向系统，早在1996年就通过了技术鉴定。1997年10月，我国在四川省青城山旅游区建成了国内第一条磁悬浮列车试验线。随后，又在都江堰修建了新的试验线路。21世纪初从上海传来好消息：经过中德双方的谈判，一条采用德国技术的磁悬浮铁路项目动工兴建。到2002年的最后一天，人们终于乘上了上海浦东国际机场到市中心之间"飞"驶的磁悬浮列车，在车上亲身体验"飞"起来的滋味。按当初的设计水平，9节车厢可乘坐959人，每小时发车12列，双向运量可达2.3万人，按每天运行18小时计算，最大年运量可达1.5亿人次。

另据了解，上海磁悬浮的设计时速和运行时速分别为505千米和430千米，比最初的计划有所降低。这样，可以减少一半的能源消耗，同时也降低了对高架轨道的设计要求，但对30千米长的路段运行安全和舒适度没有实质影响。实践证明，这样的决策既符合我国国情，也是很成功的。

三、重要的意义在于示范

更为诱人的是，上海人及时抓住并迅速完成上海磁悬浮铁路体系的建设，为相关产业的发展奠定了良好的基础，并且具有全球领先的重大意义，示范作用令人关注。

在世界范围内，哪里有磁悬浮哪里就有争议。我国也不例外，所以上海磁悬浮铁路的示范意义就显得格外突出。在德国，人们至今还在为是否将磁悬浮铁路作为连接慕尼黑机场和市区的交通工具而争论不休；在美国，巴尔的摩、华盛顿等地区对磁悬浮铁路的争议仍在激烈上演；在中国，磁悬浮技术在上海的引入使第二条京沪线高速铁路的建设计划——应该采用"磁悬浮"还是"高速轮轨"，涉及"一场价值4000亿元的嘴仗"愈演愈烈。

但是，磁悬浮技术的应用前景实在太诱人了，它一直就不缺少热情的吹捧者，人们急迫地设想着一幅幅类似这样的生活美景：有专家认为，如果在即将兴建的京沪高速铁路线上采用磁悬浮技术，那么从上海到北京的时间仅需要3个小时，比乘飞机慢不了多少，而采用目前最先进的高速轮轨技术则仍然需6～7小时。如果从上海到杭州修建一条磁悬浮列车线，那么从上海到杭州的时间仅仅需要20分钟，比上海市内交通还要便捷。届时，杭州将名副其实地成为上海的"后花园"。欧洲人曾经想得更美，当人们用过午餐，在德

△ 上海磁悬浮列车

国首都柏林市中心乘上磁悬浮列车，仅仅3个小时就可在匈牙利的布达佩斯市中心下车，喝上一杯咖啡，逛逛街，再采购少许物品后，晚上又回到了柏林。这一美妙设想，目前正引起设计者们的密切注意。他们把从柏林到布达佩斯的线路项目，甚至已起名为"欧洲磁悬浮铁路"。

上海磁悬浮列车商用线的投入运营，必然为在未来竞争中获取优势加上了相当重要的砝码。议论中的1320千米的第二条京沪线，即便未能上"磁悬浮"而选用了"高速轮轨"技术，那么我国规划中的将近8000千米的高速客运专线网，仍将是一片广阔的天地。正如中国科学院院士严陆光在论证中所言，磁悬浮技术是"适合我国国情的选择"。严院士是中国发展高速磁悬浮技术的热心支持者之一。他的观点颇具代表性，他认为，我国需要发展高速磁悬浮列车，就在于它最适合于我国高速客运专线网的发展。理由主要有3点：

其一，我国幅员辽阔，人口众多。目前考虑的主要客运专线大多在1000千米以上，像京沪1320千米，京广港澳2550千米，哈大940千米，徐州宝鸡1030千米，浙赣940千米，京沈703千米，沪杭194千米等。显而易见，时速

500千米的磁悬浮列车要比时速300千米的高速轮轨列车在旅客选择民航或铁路中,具有更显著的优越性。

其二,我国至今尚无客运专线,高速客运网的形成大约需要半个世纪的努力,这恰恰成为我们在交通领域实现技术跨越发展、发挥后来优势、后来居上的重要机遇。虽说高速磁悬浮技术没有高速轮轨技术那么成熟,但只要我们统一认识,下定决心,认真抓紧工作,完全可以在近期内达到成熟。

其三,高速磁悬浮体系的发展将带动当前众多高新技术前沿的进步,这些高新技术本身又将对新兴产业的形成和经济发展起着重要的推动作用。

与传统铁路体系不兼容一直是磁悬浮技术的软肋,也是引起争论的重要焦点之一。而严陆光认为,作为一种新型交通工具,高速磁悬浮和轮轨铁路的关系只能像汽车、飞机、轮船一样,它们可以通过换乘来兼容。

还有,投资大、风险高也一直是磁悬浮技术引起争议的又一大焦点。然而严陆光承认,高速磁悬浮在投资上确实比高速轮轨铁路高1.2倍至1.5倍,但前者的速度比后者高出50%至70%,他认为这样比较下来,其实应该是个优点。他相信,随着产业的发展和经验的积累,其降低投资的可能性及其幅度,可能远大于高速轮轨。严院士还认为,随着国际合作的推进,技术攻关与科学创新的深入,我国发展高速磁悬浮技术将是最好的选择。

四、中国人发明的"磁悬浮"

目前,世界上磁悬浮技术比较成熟的有EMS制和EDS制两种,我国从德国引进的磁悬浮列车的技术就属于EMS制。但上述两种都还处于示范使用阶段。我国科学家又发明了一种新的磁悬浮技术叫MAS制,已在2003年第五届上海国际工业博览会上演示了其模型车。据《科学画报》记者柯远报道:MAS制磁悬浮技术是由上海科学院磁技术首席科学家、上海师范大学教授魏乐汉发明的一种全新的磁悬浮制式。他研制的MAS制磁悬浮列车模型由3节车厢和14米长的跑道形轨道组成。成功的演示已引起公众的广泛关注,目前正在建造接近实用的样车,计划在第六届上海国际工业博览会上展示。2004年10月,央视报道,我国独立设计、制造的"中华01号"磁悬浮列车样机已入轨投入试运行。

MAS制式一般采用永久磁体，当然不需低温也不耗电。组装后，不管列车开动与否，也不管白天黑夜，列车始终处于稳定的悬浮状态，而且这种悬浮完全不需要加以控制。

MAS制磁悬浮列车如何实现推进呢？魏乐汉教授又进行了解释。

在MAS制中采用"磁啮轮—磁啮条"推进机构。磁啮轮的具体结构是：在圆盘形的基片（绝缘材料）上等分地嵌入柱状磁体，其极性交替排列，称为磁片轮。将数片磁片轮和间隔片同轴叠合成磁啮轮，间隔片的功用是使相邻两片磁片轮之间留有空隙，可使磁啮条插入。磁啮轮装置在列车底部。磁啮条是装在路轨上的，其长度和整个路轨等长。将磁啮轮不接触地插入磁啮条的间隙中，便成为推进系统。当磁啮轮转动时，磁啮轮上的磁体通过磁力推斥磁啮条上相对的磁体，从而推动列车前进，与齿轮齿条啮合推动前进有异曲同工之妙。这种推进系统远比直线同步电机推进系统造价低，并可将动力装在列车上，与地面无任何电气联系。

任何一种交通工具必须具有支撑（磁浮列车的支撑即磁悬浮）、导向和推进三大功能。

在MAS制中，路轨和列车车底都铺有永磁（其他磁体也可以）磁阵列，分别称路轨磁阵列和车载磁阵列。磁阵列由平行的磁列相间排列而成。磁列又由磁条和间隔条相间叠合而成，间隔条为任意的电绝缘材料，其作用是防止磁力线短路。

将车载磁阵列无接触地插入到路轨磁阵列中去，就形成了一个磁悬浮系统。

如果将MAS制与EMS制、EDS制比较，其性能在许多方面将超过或相当于后者。据魏乐汉教授介绍，无论在理论上还是在实际演示中，该模型车均未发现在走向实用化的道路上存在原理性、技术性和工程性的障碍。很有可能经过若干年的努力，MAS制磁浮列车将成为新一代的大众交通工具。它的结构简单、造价低、运行成本低、节能、浮力大、悬浮不耗能等一系列优良性能，将为世人所瞩目，中国磁悬浮列车跨进世界先进行列已为时不远！

雨衣的发明

最早出现的防雨器具应当数雨伞。据说雨伞是我国古代木匠鲁班发明的。可是撑着它不便在雨中生产劳动,于是,聪明的古代劳动人民又发明了蓑衣。它是由棕丝编织而成的,能穿在身上,不用手撑着。蓑衣可以算是雨衣的雏形了。真正的雨衣诞生在19世纪20年代,是由英国的一位普通工人麦金杜斯发明的。由于胶布雨衣的名声越来越大,引起了英国冶金学家帕克斯的注意。他感到涂了橡胶的衣服虽然不透水,但又硬又脆,穿在身上既不美观,也不舒服,决定进行改进。1884年,帕克斯终于发明了用二硫化碳做溶剂,溶解橡胶,制取防水用品的技术,并申请了专利权。后来,帕克斯把专利卖给了一个叫查尔斯的人,使雨衣走向规模化生产,"查尔斯雨衣公司"的商号也很快风靡全球。现在,雨衣质地也越来越先进,具有很好的抗撕裂性和透湿性,透气、防雨、防风沙,甚至还能防蚊虫、防啮齿类动物撕咬等,成了人们日常生活中的重要用品。

发明雨衣的麦金杜斯是英国苏格兰的一家橡胶厂工人。1823年的一天傍晚,忽然下起了倾盆大雨。下班的铃声敲响了,工人们都打着雨伞,纷纷回家了。

可是麦金杜斯,却站在厂房里两眼呆呆地望着窗外……

面对外边的大雨,麦金杜斯长长地叹了口气,没有一点办法。因为他家里太穷了,穷得"丁当"响,就连一把伞都买不起。

天快黑下来了,麦金杜斯一转脸,看见墙上挂着的那件始终没舍得丢弃的溅满橡胶液的工作服,他连忙拿过来,往身上一穿,消失在雨幕中……

雨,越来越大,路上的行人也越来越少,只有稀稀拉拉几个。当他们看见麦金杜斯身上这件怪怪的衣裳时,都投来好奇的目光,心里不禁暗自发笑。

△ 中国很早就有了雨衣——蓑笠

麦金杜斯又何尝没有察觉出来呢，但是他无暇顾及这些，只希望自己能早点到家，衣服能少湿一点。刚到家，麦金杜斯就立即脱下那件工作服，里面的衣服也没湿多少，心里有一种说不出的喜悦。

吃完晚饭，劳累一天的麦金杜斯就躺在床上休息了。外面的雨还在"淅淅沥沥"地下个不停。听到雨打房顶的声音，麦金杜斯想："奇怪，下这么大雨，我的衣服怎么没有淋湿呢？"

他急急忙忙翻身下床，拿起那件工作服在灯下仔细端详起来。这件工作服很旧，已经穿了好长时间，上面溅了很多橡胶溶液。有橡胶液的地方，就好像涂了一层防水胶，虽然样子难看，却不透水。好奇的麦金杜斯又试验一遍，连忙用勺子舀了点儿水，往涂有橡胶液的地方滴，水不但没有渗进去，却顺势滚了下来。

他灵机一动，"如果把这件工作服全部涂上橡胶水，那不就成了贴身的雨伞了吗？"

麦金杜斯为自己的发现而感到高兴。

第二天，他索性将整件衣服都涂上橡胶。嘿，效果特别好。不论下多么大的雨，都淋不透它。有了这件挡雨水的衣服，麦金杜斯再也不愁老天下雨了。

这件新奇的事儿很快就传开了，工厂里的同事们知道后，也纷纷效仿麦金杜斯的做法，制成了能防水的胶布雨衣，这种衣服下雨天穿在身上，比雨伞方便得多，既防雨又不怕风。

于是，世界上第一件雨衣就这样问世了。麦金杜斯又筹措资金，办起了世界上第一家雨衣制作厂。

当然，雨衣与当时的其他橡胶制品一样，存在着天气热时黏手、冷时变硬的缺陷。后来，帕克斯发明了硫化橡胶后才克服了雨衣的这一毛病，使它更为耐用、穿起来也更为舒适。

如今，人们的日常生活中出现了各种各样的雨衣，可是，人们始终没有忘记麦金杜斯的功劳，大家都把雨衣称作"麦金杜斯"。直到现在，"雨衣"这个词在英语里仍叫做"麦金杜斯"。

△ 穿雨衣的小男孩

据英国《观察家报》报道，一次在美国旧金山举办的科技展览会上，日本东京大学教授田智前向公众展出一种隐身雨衣。这种雨衣涂有一层反射性物质，还在上面安装微型摄像机。原来，它是用摄像机拍下雨衣后面的情景，再将图像传送到雨衣前面的放映机，然后，将影像投射到由特殊材料制成的衣料上，从而使穿着者与周围环境混为一体，达到巧妙的隐身效果。这种"隐身雨衣"虽然还无法使穿着者完全隐身，然而，它与发明完美的隐身雨衣距离已经很近。

世界第一根火柴的发明

在火没有诞生之前，先民们只能过原始的生活。所谓"食草木之食，鸟兽之肉，饮其血，茹其毛"。如《韩非子》所说："民食果蓏蚌蛤，腥臊恶臭而伤害腹胃，民多疾病。"自火诞生后，才使"炮生为熟，令人无腹疾，有异于禽兽"。火的发明者，中国一致的传说是钻木取火的燧人氏。最早的钻木取火的方法，据专家考证可能是这样的：折一根山麻木，把它弄成扁平的形状，在上面刻上一道浅的凹穴。再折一根山麻木当棍子，人坐在地上，双脚踩住扁平的山麻木板，把棍子一端按在凹穴上，双掌握住来回搓动。这样棍子末端与木板结合处发生剧烈摩擦，产生许多木屑，并因摩擦而生热，等碎木屑热到一定程度就会产生火星点燃木板旁易燃的干草或木屑粉，燃起火焰。

钻木取火是一种非常费劲的取火方式。在春秋战国时期，随着铁器的出现，古人开始使用火镰火石来取火。火镰火石取火的道理与钻木取火的道理相同，用铁制火镰敲击坚硬的燧石，因摩擦使剥落的铁屑受热而表面氧化，生成火星，火星落在易燃的纤维上，就产生了火焰。

随着技术的进步，聪明的中国古人进一步发明了利用太阳取火的方式——阳燧取火。阳燧是用铜制成的凹面镜，太阳光经过阳燧的凹面反射，聚集到焦点上，时间久了便会使放在焦点处的易燃物燃烧。

人工取火技术的发明是人类历史的一个巨大进步。由于人类掌握了火的使用，除了可以驱兽避寒外，还可以烧烤熟食，这不仅可以减少疾病的发生，缩短消化过程，而且增加了丰富的营养，促进脑髓的进一步发展。火是人类最早支配的自然力，火的使用宣告了人类茹毛饮血的历史的结束，把人类向文明的征途上推进了一大步。

如今，我们要使用火当然不会像前人那样辛苦了，因为我们有了火柴。火柴是目前各国应用得最普遍、最便宜的取火工具，它为人类取火作出了不朽的贡献。

据史料介绍，二百多年前，世界上第一根火柴是由法国化学家钱斯尔发明的硫酸火柴。那根火柴又粗又

△ 1879年巧明火柴厂太和舞龙牌火花

长，很像一根敲大鼓的木槌，棒的一端涂有氯酸钾、蔗糖和树胶，使用时将它与浓硫酸接触，发生剧烈的化学反应即可燃烧。这种方法比用火石火刀撞击要方便得多，当时人们称之为"盗火神"。可是这种火柴的价格太贵，即使是有钱人家也是几家合买一根。而且浓硫酸有很强的腐蚀性，经常造成一些事故。

其实，火柴的类似物在我国11世纪初就有人试制过。北宋初年，民间用沾着硫磺的杉条摩擦引火，人们称它为"发烛"。但它和"盗火神"一样，也不是人类理想的引火工具。"发烛"又名"引光奴"，到清代又名取灯，它确实是一项伟大发明，其作用是由火种迅速得到火焰以点燃灯烛，使人类用火的本领跨进了一大步，虽不能直接生火，但却是现代火柴的前身。火柴的真正问世，当属磷头火柴的使用。

1669年，德国炼金术士布朗特在汉堡冶炼各种金属，企图从中炼出黄金。一天，他在"点石成金"的试验里，把白砂和小便放在曲颈甑中加热，当火烧得很旺时，突然从瓶里冒出一股白烟，凝结成一团白蜡样的东西。这团东西在黑暗中会闪闪发光，涂在墙壁会留下光亮的痕迹，一遇到空气就会自燃起来。布朗特把这种"怪物"取名磷，意即发光体。他将磷的秘密高价卖给了一富商。1677年，该富商将磷带到英国，遇到著名科学家波义耳。波义耳经过研究，掌握了制磷的技术，并开始了制造火柴的试验。1680年，终

探秘科学发明发现

△ 晚清民国的火柴盒

于制出原始火柴取火棒,即在木质细棒的一端涂上硫磺,在粗纸上涂有磷,取火时将细棒在纸上摩擦,就会点燃细棒。但是当时制磷成本很高未能推广使用。

1775年,瑞典化学家舍勒用硫酸与煅烧过的骨骼一起加热的方法成功地提取了磷,使磷的成本降了下来。

10年后,欧洲市场上出现了"磷头小烛":一根涂有蜡质的灯芯,一端附上一小块白磷,密封在一只小玻璃管里。使用时只需打开玻璃管,白磷就使"小烛"燃烧起来。又过了40年,巴黎建立了世界上第一家工业性的白磷制造厂。

1827年,英国化学家约翰·华克试制一种猎枪上用的发火药时,无意中制成了世界上最早的摩擦火柴。这种白磷火柴被称为"有毒火柴",使用不安全,不久就遭到各国禁用。后来法国人塞芬和卡亨二人又改进了配方,用三硫化四磷代替白磷做发火剂,这就是后来人们所说的"无毒火柴"。然而这种火柴在粗糙固体表面摩擦能起火,甚至放在衣袋里稍一摩擦也会自燃,还是不够安全。

1845年,德国人施罗脱将白磷隔绝空气加热到250℃制成了红磷。从此,人们开始用红磷制火柴,最初是由瑞典制造的,故又称为瑞典火柴。其发火剂是把红磷和细砂做成胶糊涂在火柴盒边上,火柴的药糊用可燃物Sb_2S_3、氧化剂$KClO_3$及催化剂MnO_2,调成胶糊沾在浸过石蜡的木棒上。使用时火柴头和盒边的红磷相摩擦,红磷局部变为白磷引起燃烧,这种火柴不仅无毒,而且必须在涂有红磷的特制火柴盒上摩擦才会着火,这就是沿用至今的"安全火柴"。

1879年,华裔卫省轩在广州创办了我国第一家火柴厂,不过当时由于产品数量少，价钱高，很少有人买得起。1880年，瑞典人在上海开了一家瑞典瑞商洋行，生产和经营火柴。全套机器设备都是瑞典的，甚至连火柴盒上的商标也是国外印刷的，国人都称这种火柴为"洋火"。他们利用产品价格低廉的特点，在我国市场上获取了大量利润，扼杀了我国正欲兴起的火柴工业。解放后我国的火柴工业得到巨大的发展，品种不断增加。例如，火柴技术人员成功地制造了抗风火柴、防水火柴、无梗火柴、彩色火柴、烟幕火柴、信号火柴等。

近几年来，随着科学技术的发展，世界各国的火柴制造业也在品种上标新立异，以争夺市场。苏联有人发明了一种强烈高温火柴，每根能点燃3小时，它会发出像氢氧吹管一样猛烈的火焰，可以用来代替电焊，切断和焊接钢铁。日本有一种"浮土绘版画"火柴盒，每根火柴长12厘米，装潢相当考究，火柴盒像本古书，曾风行全世界。美国有位年轻的工程师，综合多种化学元素，发明了一种"永生"火柴，据说只要备有一根，便能长期使用。可是这些发明家成了火柴老板的眼中钉，当他宣告试验成功时的当晚，竟遭到凶手的刺杀。后来奥地利一位化学家也研制了一种永久火柴，不过他的工艺配方很快被瑞典火柴大王克鲁格收买，人也被软禁了。美国钻石火柴公司还发明了一种新式安全火柴，它燃烧的热度只有目前火柴的一半，而且能自行熄灭。

此外，还有音乐火柴、多次燃火柴、自启式火柴、微声火柴、电影火柴、感光火柴、高级芳香火柴等，真是五花八门，应有尽有。由此也看出，火柴尽管已经属于很古旧的事物，却很难被各种现代化的打火机所完全代替。

笔与墨水的发明

最早能在纸草纸或布帛上写字的可能是芦苇笔，它用削尖了的芦苇秆制成，虽然不大耐用，但可以随时修尖或就地取材换新的，也很方便。这种由古埃及人发明的笔一直沿用到12世纪。

中国特有的毛笔也有极长的历史。毛笔要比芦苇笔及鹅毛笔耐用得多，而且具有更为丰富的表现力。

鹅毛笔一般用头部削薄、削尖而且尖部开缝的天鹅羽毛或家鹅羽毛制成，在7世纪西班牙塞维利亚的大主教伊西多的著作中首先提及，实际发明的时间可能要早几个世纪。这种笔的出现可能是由于欧洲的芦苇不像鹅毛那样容易得到，而且，鹅毛尖比芦苇结实，可以在尖端开缝，便于吸水，并控制笔迹的粗细。

在古罗马时代的文物中就发现过金属笔，但似乎用得不太广泛。近代的沾水钢笔出现于16世纪，但是到19世纪才得到普及。

在埃及古墓中发现了有黑墨和红墨字迹的纸草纸，是由芦苇笔写成的，显然，当时已有墨水。中国古代的墨或墨水也出现得极早。在殷墟甲骨文的刻痕中发现了黑色或红色的颜料，黑色的为炭黑，红色的为朱砂。典型的墨由烟煤粉末加动物胶制成，后来又使用更黑更细的漆烟或松烟制造，为了防腐，还要加入冰片等香料。

罗马人常使用一种略呈紫色的墨水。他们还常使用一种深棕色的乌贼墨汁，它是把乌贼的墨囊晒干后研成粉末制成的。

塞维利亚的伊西多主教还描述了用胆和铁盐制造的墨水。17世纪才出现了一种类似于现代墨水成分的墨水，它含有从树皮中提炼的丹宁酸与铁盐形成的混合物。现代墨水只是增加了一种蓝色的染料，以加深颜色。

计算工具的发明

在古代，人们常用石子来计算。在西方，还常用铺了一层沙子的木板来运算。相比之下，中国古代的计算工具要先进得多。

最先出现的是"算筹"，最迟不晚于春秋时期。老子在《道德经》中提到"善计者不用筹策"。算筹较早为直径约2~3毫米，长约13~14厘米的小圆棒。后来长度缩短，截面也变为方形或扁形，可以避免滚动。每一位数字用若干根算筹表示，平行的1根到5根算筹代表1~5，而与它们垂直的一根算筹就代表5，与算盘靠上面的珠子类似。这样，利用这种工具，很容易在桌面或地上摆出各种数字，再进行计算。

珠算出现的最早证据可以追溯到东汉末年。徐岳所著《数术记遗》（190年前后）提到古代14种计算方法，其中就有珠算，并说珠算"控带四时，经纬三才"。北朝人甄鸾曾对此解释说："刻板为三分，其上下两分以停游珠，中间一分以定算位，位各五珠，上一珠与

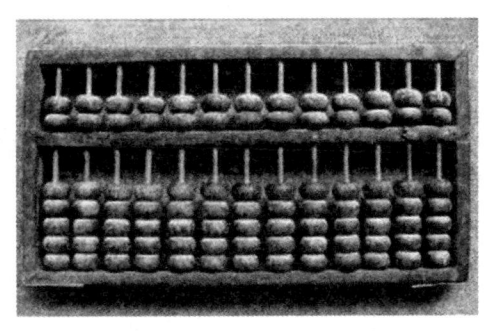

△ 算盘

下四珠色别，其上别色之珠当五，其下四珠，珠各当一。"

算盘在以后又有了改进，在元明之际，已非常盛行，辅之以各种口诀，使计算非常快捷准确，是电子计算机出现之前最好的计算工具之一。

纸牌的出现

最迟到9世纪，纸牌已在中国出现。贵族女眷常常玩"叶子游戏"，即牌戏。世界上的第一本牌书是一名妇女在9世纪下半叶撰写的（今已散佚）。到11世纪，纸牌已由木版印制，在明代许多流行小说中的人物形象被用于设计纸牌的背面。中国纸牌比后来的欧洲扑克牌小得多，却厚实得多，不易磨损。中国的"钱牌"有4种花色：纸钞、串钱、贯钱和十贯，前3种为2～9点，第4种为1～9点。已发现的最早的中国纸牌制作于约1400年，出土于中国西部的吐鲁番，一度为柏林国际体育博物馆收藏，散佚或毁于第二次世界大战期间。

有人在1938年查看土耳其伊斯坦布尔托普卡皮博物馆的所有藏品时，发现了一副1400年左右在埃及制作的纸牌，共52张。其所使用的设计图案与后来早期的意大利牌极为相像。牌上的阿拉伯文字说明对应于后来扑克牌"国王"、"王后"、"王子"的牌被称为"马利克"（国王）、"纳伊布"（总督）和"纳伊布萨尼"（副总督）。与中国古代纸牌的4种花色以及现代扑克牌的梅花、黑桃、红桃和方块相对应，它们也有4种花色——剑、马球杆、杯子和硬币。

埃及纸牌同中国古代纸牌一样，显得又长又窄。

实际上，纸牌的传播正像其他古代中国的重要发明那样，阿拉伯人起到了关键的桥梁作用。

法兰西人为纸牌的定型作出了重大贡献，他们于1480年前后确定了4种花色（黑桃、红桃、方块和梅花）的名称和图形。

凭空制造的地球饰物——经纬线

自从伟大的航海家麦哲伦围绕地球航行一圈,证明地球是个球体以后,人类已经基本认清地球的全貌。然而,地球这么大,如果要想知道某一事物在地球上的什么地方是很困难的。因此,为了精确地表明事物在地球上的位置,人们给地球表面假设了一个坐标系,这就是经纬线。

最初的经纬线是怎样产生的呢?历史学家研究发现,早在麦

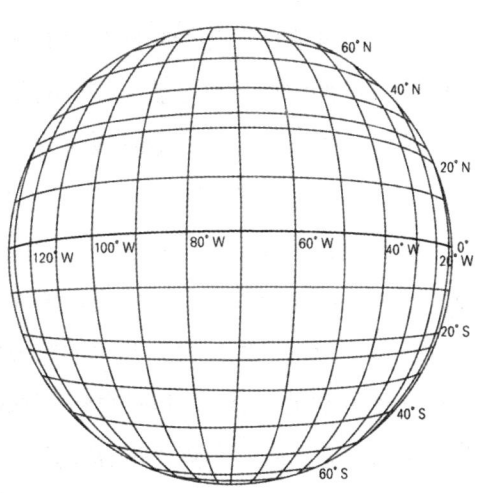

△ 地球上的经纬线

哲伦1800年前的公元前344年,著名的亚历山大大帝曾渡海南侵,继而东征。当时随军的地理学家第凯尔库斯沿途搜集资料,雄心勃勃地准备绘制一幅"世界地图"。其实亚历山大的军队不过走了地球上很小的一部分路程。第凯尔库斯发现沿着亚历山大东征的路线,由西向东,无论季节变换、日照长短,都非常相似。于是,他作出了一个重要的贡献:第一次在地球上画了一条纬度线,这条线从直布罗陀海峡起,沿着托鲁斯和喜马拉雅山脉,一直到太平洋。

亚历山大帝国虽然称霸一时,然而昙花一现,不久就土崩瓦解了。但在埃及的亚历山大城里,有一个图书馆。多年担任图书馆馆长的埃拉托色尼博学多才,他精通天文、地理、数学、历史。他通过多年的观测,不仅知道地球是个球体,而且计算出地球的圆周是4.625万千米,还在自己画的地球图上

画出了7条经度线和6条纬度线。

公元120年,一位青年也在这座古老的图书馆内研究天文学、地理学。他就是著名的科学家克罗狄斯·托勒密。托勒密总结前人的经验教训,认为绘制地图应根据已知经纬度的定点作根据,提出在地图上绘制经纬线网的概念。为此,托勒密测量了地中海一带重要城市和据点的经纬度,编写了8卷地理学著作,其中包括8000个地方的分经纬度。为使地球上的经纬线能在平面上绘出,他设法把经纬线绘成简单的扇形,从而绘制出一幅著名的"托勒密地图"。15世纪初,正是航海盛行的年代,航海家亨利把托勒密地图付诸实践。然而,经过他率领的船队艰苦的反复考察,发现这幅地图并不实用。亨利手下的船员不无遗憾地说:"尽管我们对有名的克罗狄斯·托勒密十分敬仰,但我们发现事实和他说的都恰恰相反。"

其实,托勒密并没有测量错,因为正确的测定经纬度,关键需要有"标准钟"。使用精确的钟表当然比依靠天体计时要方便实用得多。18世纪是个科技飞速发展的年代,当时机械工业的进步终于为解决这个问题创造了条件。英国约克郡有一个钟表匠哈里森,他用了42年的时间,连续制造了5台计时器,一台比一台精确完美。他制造的第五台计时器只有怀表那么大,测定经度时引起的误差只有1/3英里。与此同时,法国的钟表匠皮埃尔设计制造的海上计时器也投入了使用。至此,海上测定经度的问题,终于初步得到了解决。人们终于可以在海面上自由驰骋而不害怕迷航了。

现在的钟表则更加精确,30多万年误差才正负1秒,因此现在的航海事业在测量经纬度时,误差不过1毫米。经纬线的发明,为人类提供了巨大的服务。

 电影的诞生

第一部真正的电影摄影机和放映机,是在新泽西州爱迪生的实验室里制作出来的。

人类的视觉具有暂留性。比如夜间挥动点着的烟头,就会看到一个完整的圆圈。电影的原理也在这里。

19世纪30年代,在欧洲有一种娱乐游戏,经常放置在客厅里的一种装置,叫做"魔盘"。转动其中一个圆盘,透过另一个固定圆盘的缝隙往里看,就会觉得排在活动圆盘边缘上的小画似乎活动起来。

经过改进,人们又利用反光镜和"幻灯"——一种特制灯箱,把绘制的图像投射到银幕上。

最先把这种摄影新技术同转动的魔盘联系在一起的人是费城工程师科曼·赛勒斯。在1860年的时候,他曾经做过一个娱乐项目,即把六张照片贴在转轮的轮叶上,这六张照片是一个动作的前后相连的分段。

赛勒斯把两个儿子钉铁钉时的活动连续拍了六张照片,贴在轮叶上后,开始旋转轮子,结果人们看了,就跟看见一个连续钉铁钉的动作一样,活灵活现。

十年过去了,费城人亨利利用动作的分节静态照片,把一对翩翩起舞的男女形象投射到银幕上。在同一时期,埃维德·梅布里奇利用24架拉线快门照像机拍摄活动中的动物和人的静态照片。

1882年,法国艾蒂安·马雷用一枝带有枪托、扳机和速射快门的单筒"摄影枪"在一卷转动的像纸上拍下鸟儿飞翔的静态照片。英国的威廉·弗里斯格林试验了记录动作的摄影机和银幕上再现动作的放映机。

爱迪生发明了电灯泡和留声机。他想增加销路,于是决定联系起图像与

探秘科学发明发现

△ 卢米埃兄弟

声音，这样肯定会使他研制的声像设备销路大增。

在影像与声音的配合研究上，爱迪生投资了24000美元。1889年，他的助手威廉·肯尼迪·狄克逊终于设计成功一种链轮系统，可利用一条50英尺长、由伊斯曼发明的赛璐珞胶卷进行拍摄。

1891年，爱迪生申请了发明专利——窥扎式"动画镜"，这就是各种各样摄影机的前身。这种动画镜的胶片宽度成为直到现在仍通行的国际标准宽度35毫米。可是声音与图像难以同步配合，因此爱迪生中断了这项发明，并且也没有申请国际专利。而申请国际专利只需150美元手续费。

正是这150美元的"手续费"，结果使爱迪生失去了数万倍的巨额钱财。因为他断言这项发明无用，放弃了申请专利，结果欧洲人免费竞相模仿，开始发展并生产、制作。

动画馆就是这样诞生的。过往行人只需花上几个零钱，就可以透过一个小孔，观看15秒钟的生动动作节目。这样的游戏传到我国，人称"西洋景"，直到20世纪80年代还可在街头见到。

人们特别对一个节目注意：爱迪生研究所的工人弗雷德·奥特张开大嘴打喷嚏。继而，摄影师们创作各种节目，比如杂技过程等，也吸引了很多观众。

世界电影史的起点是1895年12月28日，这是人们公认的世界上正式放映电影的开端。路易·鲁米埃尔和奥古斯持·鲁埃尔是两兄弟，法国摄影师。他们在巴黎卡普西尼大街14号租了间地下室，摆了100把椅子，开始收费放映。电影放映就这样在一个寒冷的星期六晚上诞生了。

早期的影片拍的是什么呢？

进站的火车，下班吃饭的女工，吃奶的婴儿等，而且十分短暂。但是这种新鲜东西却顷刻间迷倒了无数市民。人们争先恐后去看"动画"，这些动画是没有声音的，因为爱迪生的研究没能成功，所以一直没有声影同步。

1896年4月23日，活动电影在美国首次公演。地点是科斯特和比亚尔合开的纽约音乐堂。人们对这些不超过两分钟的活动画面兴趣盎然。记者报道中说："滑稽可笑的拳击比赛"，"汹涌的怒涛"，"婀娜的金发少女"。

但是因为这时的电影过于简单，所以很快就失去了魅力。

电影逐渐冷落下来。

到梅里埃的出现，拍摄技术有了巨大的革新。

梅里埃是一名魔术师。1896年，他也赶时髦购置了放映机，自己摆设把玩。一天，他在自我欣赏地观看自己的一部近作时，突然间看到了一个心惊的画面：马车拉着灵柩。这是怎么回事？

梅里埃从椅子上蹦了起来。他惊恐万分，忽然想起拍摄时确有一辆马车拉着灵柩经过，但是那时是机器不转之后刚刚恢复。也就是说，这部突然插入的画面是机器停止之后重拍造成的。

这个新的发现使梅里埃试验了一系列的拍法，他停机，然后再拍景物，再停机，又拍一些动作。就这样，画面切换组合，异常奇妙。

就要夭折的电影在梅里埃手里起死回生了。他成功地创办了制片厂和"明星电影公司"，开创了电影工业化的道路。1899年，他拍摄了新闻片《德莱孚斯事件》。这部影片是根据真实的法国社会事件用现实主义手法制作的，开创了电影业中"再现历史"之先河。

梅里埃最先发现电影可以讲故事。他的影片采用新奇的特技，华丽夺目的服饰，吸引了很多观众。他影片中所采用的很多技术是现在为止仍在使用的基本技巧：溶暗、淡入、淡出、慢镜头、快镜头，等等。他的杰出作品是《月球旅行》、《艰难的历程》。

但是有盛就有衰，梅里埃风行15年，他创办的处于世界电影中心地位的公司开始破败，因为他严重脱离了生活并且拍摄角度极其死板。

探秘科学发明发现

△ 卢米埃尔兄弟放映机

百代公司兼并了明星公司，1938年，潦倒的梅里埃度过数年摆摊卖玩具的生涯，在医院孤独地死去了。巴黎是繁华的，他什么也带不走。巴黎依旧繁华，即使再有个梅里埃，巴黎也是如此。

1915年，波特等人繁荣了大洋两岸的电影事业。

1903年的《火车大劫案》是世界上第一部引人入胜的故事影片，它开创了一种影响非常巨大的大众娱乐的新方式。豪华影院随之崛起，好莱坞逐渐成为电影业的"西方不败"。

电影从朴素直白的拍摄事件到成为艺术性的东西，主要是格里菲斯。他导演的电影剪辑艺术十分高超，1915年，他摄制了《一个国家的诞生》。这部长达3小时的影片介绍了美国南方的重建。他把三K党塑造成英雄，把奴隶丑化成强盗，虽然电影很具感染力，但却使许多正直的人愤怒。

无声电影就这样逐渐发展起来。"默片时代"就是这个时期。此时人们习惯的是一边看电影一边听现场乐队伴奏。

1927年，沃纳兄弟制成第一部有声艺术片《爵士乐歌唱家》。主演约尔森本来只是唱几首歌，但是却偶然地即兴加入一段讲话，结果开启了一个电影大发展时期，他说："你们还什么都没有听见过。"

人们从电影中听到的第一句话就是这句话，它结束了一段历史。

杂交水稻的发明

1981年,国务院在北京召开表彰大会,授予籼型杂交水稻发明特等奖,袁隆平个人荣获一枚特等发明奖章,他的脸上流下了幸福的泪水……为了这一天,袁隆平奋斗了21年。1975年,中国的杂交水稻种植面积达5000亩,1980年扩大到8000万亩,为中国的水稻大丰收作出了杰出贡献,解决了无数人的温饱问题。1981年以后,中国的杂交水稻相继走向了柬埔寨、泰国等国家,在世界范围生根发芽,开花结果。

1954年,袁隆平从西南农学院毕业,自愿来到地处湖南安江镇的黔阳农校,当一名普通的老师,希望在这里实现自己的梦想:培育出一种高产优质的水稻品种。从1960年起,他的研究思路渐渐明朗,要想培育出一种高产优质的水稻,最好是培育出一种杂交水稻种子,让它的第一代展现最大的优势,从而极大地提高水稻的产量。可是,要培育出杂交水稻,首先要找到雄性不育的水稻植株,因为水稻是雌雄同花的自花授粉植物,在同一朵花上并存着雌蕊和雄蕊。只有找到雄蕊不育的植株,才能实现异花授粉呀,才能通过人工培育出杂交水稻。

想想看,在茫茫稻田,在成片的密密麻麻的水稻中,要找到一株雄性不育的水稻植株,这是多么困难——就像大海捞针一样啊!

1964年,又一个水稻扬花的季节来临了。农业专家袁隆平像往年一样,在他的试验田里仔细巡视起来。突然,他的眼睛一亮:"呀,这不正是我要找的水稻植株吗?"

眼前的这株水稻,稻花内的雌蕊发育正常,雄花还没有花粉,已经呈现出干枯的样子……袁隆平立即蹲下身子来,把这株水稻小心地挖了出来,慢慢地移到了试验盆里。同事们见了,非常惊讶地说:"怎么,找到了宝贝？"

"是啊，它的确是宝贝。现在，它比什么都重要。"

后来，他在这片稻田里又找到了三株这样的水稻，激动得说不出话来。他说，"丰收计划"将要实现了……

这一年，袁隆平像服侍婴儿一样服侍着他的这几株水

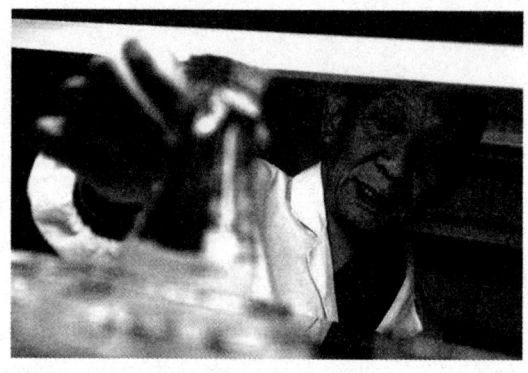

△ 杂交水稻的发明人——袁隆平

稻，亲自为它浇水、施肥，并定期观察、记录，又用人工的方法将别的稻花采过来与它们杂交，从而成功地繁殖出一代雄性不育稻种。

1971年，中国农业科学院在袁隆平的倡议下成立了杂交水稻协作组，全国各地的几百名农业科学技术人员在他的统一指挥下，一起向杂交水稻"攻关"。1973年，袁隆平的杂交水稻试种成功，亩产达到500公斤，晚稻亩产达600公斤。这是中国广大农民一辈子想都不敢想的产量！

袁隆平也因此被称为"中国杂交水稻之父"！

大米是我国人民的主要粮食，像我们中国这样的一个人口众多的大国，要想解决吃饭问题绝不是一件小事。三年自然灾害期间，粮食普遍减产，出现了许多人被饿死的惨景。这让搞水稻研究的袁隆平非常难过。他发誓要研究出一种高产的优质水稻，让人民吃饱肚子。这个最朴素的想法，构成了他对祖国、对人民的最朴素的爱。于是，袁隆平有了发明创造最重要的动力。

在战火中催生的香烟

当今社会，国际上的戒烟运动可谓声势浩大，各种传播媒介纷纷宣传吸烟有害健康，提倡戒烟。在烟草管理行业中，联合国明确提出各国的烟草都要在其包装上印上"吸烟有害健康"几个字，各国也纷纷规定不许在公共场合吸烟。然而尽管如此，还是有许多人喜爱吸烟，原因之一就是在烟草中含有许多麻痹人的神经的物质，使人上瘾。所以尽管全世界有许多人下决心戒烟，但都因没有坚强的毅力而放弃。

历史学家考证，早在原始社会时期，人们就已有吸烟的行为。在西方社会，流行着一种哥伦布发现烟草的说法。据说烟草是哥伦布发现新大陆以后，他的船员看见当地土著人吸一种叶子燃烧后的烟。因而也尝试一下，结果他们发现吸烟可以提神解乏，这对整日在海洋上漂泊的水手来说，不亚于发现又一个新大陆，虽然哥伦布因涉及当地土著人的种族之战而被杀死，但他的水手们却把这种烟草带到了欧洲。从此，烟草在欧洲大量种植，吸烟之风在欧洲大陆广为传播。中国的吸烟之风始于何时，现在还没有考证出具体时间，有文章说大概开始于三国时期，曹操在率兵作战中发现燃烧的烟叶可以驱除瘴气，于是下令让士兵燃烟通过瘴区，士兵也就染上了烟瘾，后来发展到直接吸食。

16世纪时，英国人伯尔特·雷利爵士嫌卷叶太麻烦，就首次用管子吸烟。自从有了烟管之后，吸烟就更方便更过瘾。于是，吸烟更快地流传开来。到18世纪，吸鼻烟被认为是高雅之举，仿效者极多，十分时髦。而卷烟到19世纪中期克里米亚战争时才出现。当时英国殖民者正帮助土耳其帝国打仗，所以土耳其士兵就教他们的英国盟友怎样将小纸片卷成喇叭状，然后点燃吮吸，这样吸烟既快又方便。英国士兵回国后，这种吸烟法就流行起来。

△ 民国时期的香烟广告

1881年，卷烟机在英国问世。卷烟生产于是飞速发展起来。

卷烟很快充斥欧美市场，但当时吸烟并不能登大雅之堂。男子吸卷烟会被认为是懦弱无能者，妇女有此嗜好则是放荡的象征。1910年，一部有名的无声电影就把吸纸烟看成是一种不文明的陋习。所以卷烟一直被认为是社会底层人士的事情，是不文雅的行为。卷烟走红运始自第一次世界大战期间，它成了蹲在硝烟弥漫的战壕里的士兵们唯一能提神消磨时光的东西。因此，卷烟的销量直线上升。

一战时期，男人们绝大多数都上前线。所以战争结束以后，每个男人都爱上了吸烟。此后一个时期，吸烟者被看成是有男子汉气概、坚韧不拔、善于交际的人。欧洲各国国王和总统在众目睽睽之下也缕缕青烟、扶摇直上，以显其风度。二战期间，吸烟更为普遍，英国首相丘吉尔、美国将军麦克阿瑟、中国将军贺龙等人的大烟斗整日握在手上，成了如今影视作品中他们形象的一种标志。许多知名人士，如当时在好莱坞当演员的里根及劳伦斯·奥利维尔也都曾吞云吐雾地为香烟作过广告"再吸一支吧！"则是当时电影的口头禅，几乎每部电影里都有这句话。那时在圣诞节互送香烟和烟具则成了最佳礼品，成为一种时尚。

现代科学证明，吸烟对人的身体和大自然有百害而无一利，所以各国都在采取有效措施。自古以来，不知有多少人因为吸烟而导致各种疾病，寿命减少以致死亡，这对人类是一个巨大的危害。为了解决烟瘾君子的难处，中国科学家最近研制出一种不上瘾的电子香烟，吸这种香烟和吸真的香烟别无两样，而且对人的身体无害，对环境也没有污染。我们希望在不久的将来，香烟会成为人类历史上的文物，只能在博物馆橱窗中才能看到它。

可口可乐的问世

可口可乐是当今风靡世界的"超级饮料",它几乎成了欧美生活方式的同义语。目前世界上约半数以上国家和地区的人常饮用它,与中国的茶叶、欧洲的咖啡齐名世界。有资料表明,世界上可口可乐的饮用者们,每天至少要喝下2亿多瓶可口可乐,显然,可口可乐公司当之无愧是现在世界上最大饮料公司之一。然而,可口可乐公司最初制造这种饮料

△ 可口可乐

时,并没有想到会有今天这样的火暴市场,以现在这种配方制造饮料,完全属于偶然。

话说1886年,美国乔治亚州的亚特兰大市,不显眼的街道里有一家小药店。药店老板兼业余药剂师约翰·潘伯顿经过不懈的努力,终于调制出一种专治头痛病的"可口可乐"糖浆。这种糖浆是潘伯顿用树叶和柯树籽作基本原料的一种健脑药汁。据说它有缓解疲劳、振奋精神的疗效。但是,当时的这种"可口可乐",并不是今天的可口可乐饮料,它的味道比较涩苦,很难下口,是药店作为一种自家独有的特殊药物出售的,其销售量自然也就微不足道。

一天,一个名叫贺斯的头疼病患者来药店取药时,卖药的店员发现"可

"口可乐"止痛糖浆已经卖光。于是，他根据自己的调药知识，忙乱中拿起一瓶类似治头痛的药与苏达水糖浆混在一起，应付了那位病人。没想到这位贺斯先生尝了一口后，出乎意料地说："啊，味道真是好极了！"这位贺斯先生走出店门，还赞不绝口，说"可口可乐"止痛糖浆是如何如何好喝，连咖啡都逊色了。

第二天，药店又来了一位顾客，指名要买贺斯从这里拿去的药水。店员急忙又临时兑了一瓶给他。这位先生尝过后，也惊奇地连声叫好，并要求再为他兑几瓶，以便带回去细细品味。这可就让店员为难了，因为他是随便配制，为了一时应付病人的，万一以后有个好歹……就在这时，正好老板回来了，店员立即请老板配制那种"可口可乐"药水。老板配好后，店员递给那位买药的人，那人喝了几口后，却大发雷霆，说他只要刚才喝过的那种药水，强调说："那是浑红色的，这种土红颜色的，我不要。"店员心里明白是怎么回事，可是老板却被弄得莫名其妙。

老板好不容易把顾客打发走后，立即追问店员曾经出售过什么药。店员见老板发怒了，担心被解职，只好老实交代这两天发生的事。老板一听就火冒三丈，他正要训斥那名店员，忽然心生一计：那浑红色的"可口可乐"既然如此深受顾客欢迎，本药店为何不生产这种药水当健身饮料卖呢！只要顾客喜欢，就一定能赚大钱。

老板转怒为喜，一个新的主意由此诞生：配制浑红色的药水。他经过一个多月的努力，终于把店员胡乱配制的方剂找到了，制成了新的"可口可乐"药水。1886年以前，也就是贺斯未品尝之前，作为药品的"可口可乐"的年销售量只不过25加仑。到了1887年，作为健身饮料的"可口可乐"销售量，猛增到1049加仑，是上一年的42倍。由此，引起了可口可乐酿造销售史上的一次大革命。

以后，可口可乐就不再作为治头痛的药水来出售了，而以一种饮料来销售。果然形势喜人，人们纷纷购买可口可乐。不久，药店老板就又建立了一个专门生产可口可乐的公司。这样，可口可乐终于进入了万千家庭的日常生活。

不可思议的超导体的发现

1911年,荷兰物理学家卡曼林·昂尼斯做了这样一个实验:把水银冷却降温,使它凝固成一条线,然后用液态氦作为冷却剂将其冷却至4.2K左右,并在水银线上通几毫安的电流,再测量它两端的电压。这时,他惊奇地发现,水银线的电阻突然不可思议地消失了。这一发现在科学界引起了强烈反响。自此以后,科学家们把物体在一定低温下电阻完全消失的特性,称为"超导现象"。把发生电阻从有到无这一突变的温度,称为"起始转变温度"。把具有超导性能的部分金属及上千种合金和化合物,称为"超导体"。

△ 卡曼林·昂尼斯

1957年,美国物理学家巴丁、库柏、施里弗3人,首次对超导的本质和机理作出了微观理论解释,提出了著名的"BCS理论",这是人类探索超导之谜的一个里程碑。1973年,科学家们发现了转变温度为23K的超导材料铌—锗合金。此后十多年间,科学家们便为找到一种无电阻导电的廉价而又简单的物质而不懈探索。

1986年1月27日,美国国际商用机器公司(IBM)设在瑞士苏黎世的研究所里的两位科学家米勒和贝德诺兹,在实验中发现了30K的超导材料,写成论文在联邦德国的《物理学杂志》上发表。同年11月,东京大学田中昭二教授反复做了实验,证实了苏黎世研究所的研究成果。紧接着,美国休斯敦大

探秘科学发明发现

△ 超导体

学华裔学者朱经武教授把IBM研究人员的处方作了简单的改革，首先在液氮温区获得超导体，发展了IBM的成果。于是超导体热迅速向全世界扩展，各国科学家竞相研究在液氦温区获得超导体的新物质。中国科学家积极加入了超导研究竞争的新角逐。继1986年12月获得48.6K新型超导材料后，1987年2月又取得78.5K的新进展。从3月到6月，美国、日本、苏联、南斯拉夫的科学家相继发现干冰温度和室温的"未经确认的超导体物质"，最高温度达到338K。

超导技术可广泛应用于微电子、计算机、生物工程、探矿、医学等领域。人们预言，超导体将成为21世纪的战略技术，它的研制和发展，是引起技术发展的一场革命。

漫长的酒精发明史

一般认为，稀释后的酒精便是酒，或者说酒精是纯度较高的酒。世界上关于酒精的文字记载，最早出现在公元1100年前，人们在意大利首次蒸馏出纯酒精。但当时酒精被人们用于做美酒，而且人们并不知道会有酒精中毒，所以常喝浓度很高的酒精。喝酒过多能使人醉如烂泥，甚至死亡。然而后人发现酒精不仅可以喝，还可用于医药、工业和科学，它能为人类造福。

酒精是历史悠久、应用最广泛的药物之一，世界各国都有关于酿酒的历史。史前的人可能偶尔尝到野果、浆果发酵后自然产生的含酒精液体，因而发现了酒精。这种产品后来成为人类在医药、工业、科学、节日和宗教仪式中不可缺少的东西。

公元前8000年至前6000年间，居住在亚洲西部美索不达米亚的人用大麦及谷物萌芽发酵，制成啤酒，然后加进热水混合饮用。葡萄酒也源自远古时代。把葡萄榨压出汁，或堆在容器内，让葡萄外皮上的天然酵母使糖分发生化学变化，就可以酿成酒以供饮用。

大约到公元1100年，人类才用蒸馏法从葡萄酒或啤酒中提取烈酒，最初的产地是在意大利。蒸馏的原理是把酒精的混合液加热到酒精与水的沸点之间，混合的蒸汽在另一容器中冷却后，凝结成酒精浓度较高的液体。酒精的英文名称源自阿拉伯文，原意是化妆用的微细金属粉末，后来则指蒸馏出来的液体。

1500年，蒸馏技术在亚洲和西欧日臻完善，苏格兰人则利用麦芽制成威士忌酒。当时，荷兰是领导酿酒技术的中心，主要是为了研制药物。最早的杜松子酒，是16世纪中叶在雷登大学酿制而成的。

△ 传统酿酒工艺流程图

16世纪初，斯坦因在苏格兰发明一种蒸馏器，获得专利权，可以大量酿制烈酒。后来，酗酒逐渐成为严重的社会问题。1919年，美国政府实施禁酒法，全国不得售卖酒类饮品。然而这项法案没有得到很好的贯彻，酒徒们仍然能买到非法酿制的酒，而且许多政府官员和宗教人士也表示反对禁酒令，所以当时虽然明令禁止，然而酒却仍在民间广为流行。美国当局迫于压力和自己的信誉，终于在1933年废除这项不得人心的禁令。

随着现代工业的发展，人们制造酒精不仅可从粮食、植物中获取，还可从矿物质中取得工业酒精，而工业酒精是不能饮用的。

饮少量或适度的酒，可有利于身体健康，但喝多了则会伤害身体。世界上把酒当做饮料的国家很多，尤其是在法国。现在，法国每年有2.1万人死于酒精中毒或得跟酒精有关的疾病；酗酒更是法国最严重的社会问题之一。在世界各国，因驾车失事而死或受重伤的人中，大约有1/3的人在事前喝了过量的酒。

当然，酒精也造福于人类，它可以用于医药溶剂、染料、工业树脂，又可做火箭燃料，征收酒税则更为世界各国政府带来大笔收益。

去污功臣——肥皂的由来

现在的洗涤用品种类繁多，琳琅满目，它们都是人们用来洗涤去污的有力帮手。如果对这些众多的洗涤品寻根问底，它们却只有一个共同的祖先，那就是肥皂。尽管肥皂在如今已显落后，但它的历史却相当悠久。

考古学家认为，肥皂至少在3000多年前就有了。迄今为止，人们公认肥皂的起源地是在古埃及。据埃及的一本古书记载：一天，一位埃及法老设宴招待其周围邻邦的君主。法老准备了极丰盛的饭菜，在御膳房里，上百名厨师正在炊烟中忙着制做各种复杂的饭菜。忽然，有一个厨师不慎将一盆油打翻在炭灰里，他急忙用手将沾有油脂的炭灰捧到厨房外面倒掉。等他回来用水洗手时，意外地发现手洗得特别干净。这位厨师感到非常奇怪，因为平时厨师们洗手时，为了去掉油污，都先用细沙"洗"一遍，然后再用清水洗。而他这次没有用沙子，就直接将油污洗得很干净了。于是，他就请别的厨师也来试一试。结果，每个人的手都洗得同样干净。从此以后，王宫的厨师们就把沾有油脂的炭灰当做洗手的东西了。后来，这件事情让埃及胡夫知道了，他就吩咐仆人按照厨师们的方法制造沾有油脂的炭灰，并将其制成一块一块的。这是人类历史上最早的肥皂。

古埃及在经过漫长的历史之后，发生了严重的分裂。而分裂后的国家也把有上千年历史的肥皂制造方法传播到世界各地。这种制造肥皂的方法先传到了希腊，后来又传到罗马和英国。历史考证，在古罗马，人们制造肥皂时是用山羊、绵羊或牛的油脂加水和由树木烧成的灰制作的。那时的人们不仅用肥皂来洗脸，还用于给头发上黄色、玫瑰色和红色，因而制出了彩色的肥皂。在英国，女王伊丽莎白一世下令在布里斯吐勒城建了一座皇家肥皂厂，这是世界上第一座肥皂厂。英国人用煮化的羊脂混以烧碱和白垩土制作肥

△ 中国古代人用天然皂角做为洗涤用品

皂，而女王就用这种肥皂来洗澡。俄国在彼得大帝时也出现了肥皂，但只有贵族阶级才能使用；农奴洗衣洗脸都是用木柴灰加开水煮成的强碱液，对皮肤有很大的腐蚀性。

又经过几百年，1791年，法国化学家卢布兰首先用电解食盐（氯化钠）的方法制得了烧碱（氢氧化钠），这种简便的方法使肥皂成本大为降低。从此，肥皂才成为一种价廉实用的日用品，逐步平民化，进入全世界的每一个家庭。肥皂的诞生，是人类同污秽、肮脏进行斗争中的一大胜利，也是人类在走出刀耕火种时代后在文明生活史上的一大进步。现在，人们用动植物油脂加碱在高温下蒸煮后再掺以各种中药、香料制成"香皂"、"药皂"等，名目繁多，而去污力强。肥皂已成为现代家庭必备的日常用品。

化肥的问世

在没有发现化学肥料以前，人们用腐烂的动植物作为肥料。但是这种传统的肥料发酵很不方便，而且使用也不方便。

1840年，德国著名化学家、济森大学的化学教授李比克，做了一件令人吃惊的事情。他在德国的北部买下了一部分沙地，并从远距柏林100公里的斯达斯弗德把该地出产的含钾石盐运到这块沙地上，种上了粮食。当时，人人都把李比克看成是疯子，认为他的行为不可理喻。但是，一年后，过去的沙地上竟然长满了美丽的

△ 李比克

芜菁、大麦、黑麦和马铃薯。农民们把李比克看成神仙，李比克的名字也传遍了德国。李比克研究的这种肥料，因采用了与以前生产的肥料完全不同的方法，从而拯救了苦于缺乏肥料的欧洲农民。

李比克提出："作为植物的养分，可以不使用传统的以腐烂动植物为肥料的方法。只要能供给并使植物吸取所需要的碳、氮、硝、磷、硅、钾、水、氧化镁、铁等，就可以培育植物。"李比克有效地把斯达斯弗特石盐中的氯化钾作为钾肥使用了。但是，有人反对李比克的学说。英国的劳斯和吉尔伯特反对李比克提出的不需要动植物肥料的说法。劳斯和吉尔伯特于1842年分别进行了各种实验，通过实验确证，用腐烂的动植物制造的肥料就是氮

△ 弗里茨·哈伯

肥的最重要来源。劳斯还把动物的骨头粉碎成骨粉，经硫酸处理，制成过磷酸钾，并证实这也是一种极为重要的肥料。用提取煤气时所产生的氨，制成硫酸氨，也是一种很有效的氮肥。从而完全证实，氮肥、磷肥、钾肥等都是很重要的肥料。从此，人们对这三种肥料不断地进行研究。尤其是氮肥这一最重要的肥料，更是获得了长足的发展。

德国化学家弗里茨·哈伯设计了一种生产氨（含氮）的方法，使氢和氮在高温高压下起反应。他的合成氨法综合了许多新的想法，虽然操作条件已经改变了，但这种方法还在使用。在化学家卡尔·博什改善的一种催化剂（加速化学反应的物质）的帮助下，氢与氮产生化学反应。这种方法现在称为哈伯—博什制造法。该制造法在1909年公开，氨生产工业加速成长起来。氨成为化学肥料的基础，也使农作物产量大幅度增加。

当前，世界上90％以上的氮肥是由合成氨加工而成。许多国家都大量生产合成氮肥，使粮食成倍增产，人类农业生产的面貌已发生了重要变化。

硫化橡胶的问世

橡胶是从树液中提炼出来的，不过，橡胶并不是近代才发现的。从古老的象形文字中可以看到一个人在拍橡皮球。哥伦布第二次到新大陆时，看到一个小孩正在玩球，那个球就是由树液硬化做成的。早在公元13世纪时，美洲的玛雅人和阿兹台克人已在普遍使用生橡胶制品了。不过生橡胶有一个致命的弱点：天气冷的时候容易失去弹性，天气热的时候又会变黏，解决这一难题的是美国人古德伊尔。

古德伊尔家里很穷，在他不满20岁的时候，就对从南美大量流入美国的橡胶产生了浓厚兴趣，于是开始搞橡胶的加工成型。最初，他和朋友合资用生橡胶制作了几百双长筒靴。在寒冷的冬天，这种胶靴穿起来还好，但一到夏天，胶靴就变得又黏又缩，不成样子。古德伊尔下决心进行生胶的改质。

经过坚韧不拔的努力，古德伊尔终于创造了用氧化镁和石灰水处理生胶的方法，获得了一定的成功，而且还在一次博览会上得了奖。然而，这种制品仍然没有真正过关，一遇上醋或其他酸类物质，便又要恢复生胶的特性。

△ 古德伊尔

他继续努力探索着改进橡胶质地的办法。一天，一位关心他的研究工作的朋友来信说：他做了一个梦，梦见古德伊尔把硫磺掺进生橡胶里，再在太阳下曝晒，结果成功地发明了新的橡胶。古德伊尔觉得朋友的信很有趣，就

△ 硫化橡胶

按照信上说的办法做了实验，结果橡胶质量真的大有提高，他由此申请了专利。但是，橡胶到夏天变软的老问题仍然没有彻底解决。

1839年2月，在一个寒冷的夜晚，古德伊尔一面烤着手，一面思考实验问题，一不小心，拿着掺了硫磺的生橡胶的手碰到火炉上。生橡胶被烧焦了，古德伊尔下意识地捏了捏这块烧焦了的橡胶，感到橡胶的中间部分有些弹力。这一偶然的发现给了古德伊尔新的启示。他想：太阳光的温度低，所以橡胶就发黏；炉火的温度高，所以橡胶就变焦；中间部分既不黏也不焦，而且富有弹性，这无疑是温度合适的缘故。他根据这个认识，把硫磺掺入生橡胶后，用不同的温度进行处理，经过不断的测量、实验，终于发明了橡胶硫化法。这种方法就是把适量的硫磺和催化剂加入生橡胶中，经过130℃至150℃的加热处理后，生产出一种既耐磨又柔软，而且有弹力的橡胶产品。硫化橡胶像皮子一样，既能做鞋，又能做雨衣。1845年，他的发明获得了美国的专利。

两年后，帕克斯（1813～1890）研究出了另一种硫化方法，就是把橡胶放到氯化硫的稀溶液里浸一下。这种方法特别适合用来生产气球和橡皮奶头等极薄的橡胶产品。

电视的发明

电视的最初理论基础是"光电现象",它是爱尔兰电气工程师威廉·史密斯于1873年首次发现的:不导电的硒在遇到阳光时竟能像电池一样产生电流。

1884年,德国人尼普科发明了"尼普科扫描圆盘",在电视发展史上第一次给出了传输图像的实际可行的方法,他被后人誉为"电视鼻祖"。1912年,德国人耶斯塔和盖特共同研制发明了"光电管"。到了1924年,光电管制造技术已经完善。这时,美国人富雷斯特发明了能把微弱的电流放大的三极管。

1992年,贝德第一次成功地制作了机械式扫描电视收发设备。1925年1月27日,他在伦敦英国科学研究所进行了发射和接收的公开实验,得到了2英寸(50.8厘米)高、1英寸(25.4厘米)宽,分辨率为30行线的画面。1926年1月,英国《泰晤士报》第一次报道了电视机的诞生。1931年,贝德成功地播送了大赛马的实况:这年10月18日晚上,他第一次在电台和观众"见面"。

△ 约翰·贝尔德发明了电视

1936年11月2日,英国广播公司用贝德的机械电视第一次播送了电视节目。1946年,美国人罗斯·威玛发明了高灵敏度的摄像管,日本人八大

探秘科学发明发现

△ 制造于1936年的"马克尼702型"电视机

木教授发明了家用电视机的接收天线,美国、英国、德国等发达国家相继建立了超短波转播站。电视节目在这些国家迅速普及开来。

20世纪50年代初,彩色电视蓬勃发展起来。1962年,美国成功发射了国际通信卫星,利用通信卫星作为转播电磁波的中继站,它接收地面发来的电磁波,经过放大后再发回地面,从而实现了全球电视联播。

艾多福投影电视的发明是一项将电视与电影结合起来的新发明。1983年,数字式电视机在德国开始投入生产。

圆珠笔的出现

我们现在所用的圆珠笔也叫油笔，它是一步一步发展到今天这个样子的。圆珠笔是在19世纪80年代发明的，但是直到第二次世界大战即将结束时才出现在市场上。

1888年，美国人劳德首先申请了圆珠笔的专利权。他发明圆珠笔的目的是为了便于在仓库的打包货物上做记号。圆珠笔的构造是在盛

△ 圆珠笔

满墨水小管的一端装上个小圆球，使小球随笔的移动而滚动。但是因为故障太多，有时墨水漏出，有时小球又不动，没有达到实用程度。

1892年，一个叫伊文斯的人试制出了一种类似的笔，这种笔是用一个极小的轮子代替圆珠笔的笔珠，轮子紧靠着小室内的印台转动而得以润滑。

把圆珠笔造成现在这个样子的是匈牙利的弟兄两人。弟弟拉第斯劳·比洛（1899~1985）和哥哥乔治·比洛（1897~？）在1938年发明了圆珠笔。拉第斯劳是一位雕塑家、画家，哥哥乔治是位化学家。兄弟二人在1938年申请圆珠笔专利。二战期间，他们移居阿根廷，并在那里创建圆珠笔的生产公司。他们用自己的专利技术改进笔的性能，使墨水能按本身的表面张力而不是重力漏到笔尖。英国一位叫亨利·马丁的投资家，投资生产比洛笔给英国

探秘科学发明发现

△ 圆珠笔笔尖特写

皇家空军飞行员使用,由于高空气压降低,圆珠笔不漏水。二战结束时,比洛笔已行销整个欧洲。

在法国,马赛尔·比什男爵在离巴黎不远的克利奇市生产了大量的廉价圆珠笔,在20世纪40年代末,达到日产700万支的效率。比什还买下了沃特曼公司在美国的全部财产,并向美国出口比克牌圆珠笔。

在美国最先把圆珠笔投放市场的不是比洛兄弟,而是并没有购买他们专利的雷诺斯。雷诺斯和另外一名技术人员协同一位管专利事务的律师经过详细调查了解到,在比洛兄弟以前就有了劳德的关于圆珠笔的专利,同时他们又了解到,只要把输送墨水的部分加以变更就可以不致触犯比洛兄弟的专利。

研究的结果,他们发明了借用重力输送墨水的构造,并且很快投入生产和投放市场。他们从听到比洛的圆珠笔专利的消息到发明新的送墨水构造,以至生产和在市场上出售,只用了半年的时间。

后来,美国的化学家弗朗兹·西奇在加利福尼亚配制出一种供印刷机用的黏性液体,这种速干液体一旦暴露在空气中就在表面形成一层皮。由于这种墨水的出现,圆珠笔的漏水和墨水凝固把小球粘住的问题就彻底解决了。

侯氏联合制碱法的发明

自然界中存在着天然纯碱，出产天然纯碱的地方都是干旱少雨的地区。盐湖中的天然纯碱，在气候干燥和气温下降时就结晶出来。把结晶溶解在水里，去掉泥沙后进行熬制，就能得到了纯碱。很早以前，古埃及人就把从干涸的湖泊中得到的纯碱用作清洁剂和防腐剂。后来，欧洲人用纯碱制造玻璃，称纯碱为"苏打"。然而，制造纯碱的技术，一直被英、法、美等国家所垄断。1791年，法国医生路布兰在巴黎近郊建造一个制造纯碱的工厂，利用食盐、硫酸、焦炭和石灰石做原料来生产纯碱。1876年，在巴黎举办的国际博览会上，比利时人索尔维因提供的纯碱展品质地纯净而获得铜质奖章。1925年，中国生产的"红山角"牌优质纯碱，在美国费城万国博览会上获得金奖。1939年，侯德榜终于发明了"侯氏联合制碱法"。这种联合制碱法的诞生，使少数几个欧洲国家垄断制碱业的时代一去不复返了，同时，把世界制碱技术水平推向了一个新的高度。"侯氏制碱法"也因此永远垂名化学工业的史册。

20世纪20年代之前，全球的碱生产都被英国的卜内门公司所垄断，这个公司建立了大规模的生产纯碱的工厂，其生产方法采用的是比利时人索尔维创制的"索尔维制碱法"。除技术保密外，销售上也有限制，价格也由他们任意规定。这给当时的中国乃至世界其他国家的工业发展

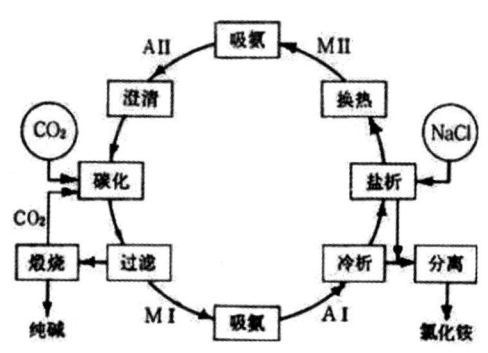

△ 侯氏联合制碱法的制做过程

造成了极大障碍。许多国家的厂商想要探索"索尔维制碱法"的奥秘,都以失败而告终。不久,中国著名的化学家侯德榜先生,打破了这种独霸天下的格局。

1890年8月9日,侯德榜出生在福建省闽侯县农村的一个农民家庭里,在开药铺的姑妈资助下,他进入了福州英华书院求学,1911年考入清华留美预备学堂。1913年,他以10门课程获总分1000分的优异成绩被选送到美国留学。8年中,他先后在麻省理工学院、柏拉图学院、哥伦比亚大学研究所的化学工程深造。留学期间,他

△ 侯氏联合制碱法的发明人侯德榜

在纽约认识了专程从天津来到美国考察化学工业的陈调甫先生。陈调甫先生与侯德榜的一番长谈后,感慨地说:"中国的化学工业很需要碱,但我们还没有掌握制碱的技术……"

听了陈调甫先生的一番话,侯德榜先生的心受到了深深的触动,他暗下决心:一定要掌握制碱的技术,为中国人争口气,为人类造福。从那一刻起,侯德榜的心中就萌发了一个强烈的愿望——"中国人也能办得到"。

1921年10月,侯德榜终于获得了哥伦比亚大学化学博士学位。他放弃了国外优厚的待遇,回到国内,来到天津碱厂担任总工程师。他精通业务,知识广博,在他的带领下,全厂浴血奋战,终于摸索出了"索尔维制碱法"的奥秘。天津碱厂终于生产出质地纯净、洁白优质的纯碱,日产量高达180吨。1925年生产的"红山角"牌纯碱在万国博览会上获得金奖,中国民族工业终于扬眉吐气了。

1933年,他在纽约出版了《纯碱制造》一书,该书一问世,就轰动了整个科学界,被誉为"首创的制碱名著",从此,制碱的技术被垄断的局面彻底打破了,使很多不发达的国家掌握了制碱技术。后来,他还亲自到印度和巴西帮助建设碱厂。与此同时,他还不断地总结经验,努力改进制碱技术。

经过进一步研究调查后，他决定改进索尔维制碱法，开创制碱的新路。

他仔细揣摩了索尔维制碱法的制造过程，认为这种方法的主要缺点在于：两种原料反应时只利用了一半，也就是说，食盐中的钠离子和石灰中的碳酸根结合成纯碱，食盐中的氯和石灰中的钙结合成了氧化钙，却没有实际用途。

"功夫不负有心人"。1939年，侯德榜终于发明了"侯氏联合制碱法"，也就是把氨碱法和合成氨法结合起来，将原先的废液和废气都加以回收利用，同时制取纯碱和化肥氯化铵。这种发明，可以使原料利用率高达98%以上，而且具有连续循环生产的特点，对纯碱和氮肥工业的发展作出了巨大贡献。

"侯氏联合制碱法"的发明，是世界制碱科学史上的里程碑。

纯碱作为一种重要的工业原料，在冶金、石油、化工、医药等工业生产中起着重要的作用。我们日常生活中使用的肥皂、纸张、花布、玻璃、药品等，都离不开纯碱。它不仅在工业上有广泛用途，还可以食用，比如我们平时吃的馒头、面饼等都少不了纯碱。因此，随着天然纯碱越来越不够用，于是，后来就出现了工业制碱。

"侯氏联合制碱法"的发明，得益于侯德榜善于研究、寻找索尔维制碱法的缺点，经过改进才有了新发明。所以，"改一改"也是发明创造的一个好方法。

"陈氏定理"的发现

提起数学家，我们首先会想到魏晋时代的刘徽，他首创了"割圆术"，把对圆周率的研究推向了一个崭新高度，南北朝时期的祖冲之利用刘徽的研究成果，求出的圆周率有七位数，即圆周率大于3.1415926小于3.1415927，这一成就比欧洲领先一千多年。现代数学家陈景润对哥德巴赫猜想的研究求证，也使我们每一位炎黄子孙为之骄傲和自豪。1973年，世界著名的英国数学家哈伯斯和原联邦德国的数学家里西特，在即将出版的新著《筛法》中增加一章，把陈景润的研究成果命名为"陈氏定理"。

17世纪的德国数学家哥德巴赫在数学理论研究中发现，每一个大偶数都可以写成两个素数之和，即（1+1）。可是，他没有办法证明这一规律，便写信求教当时世界著名的数学家欧勒，想不到这位数学大家也被难倒了，至死也没有推证出哥德巴赫猜想的正确性。于是，哥德巴赫因发现这一规律也闻名世界，又因为这一规律没有被证明过，所以就叫"哥德巴赫猜想"——被称为数学皇冠上的"明珠"。

时间一晃就是二百多年，不知有多少数学家时时刻刻在想攻克这一堡垒，可是都无功而返。想不到念高中的陈景润对这颗"明珠""垂涎"起来，下决心学好数学，有一天摘取这颗"明珠"。大学毕业以后，陈景润无论是在中学任教，还是在大学做图书管理员，都没有放弃对它的研究。但是，他深深知道，凭自己目前的实力，还是无力摘下这颗"明珠"的。因此，他一头扎进了浩瀚的书海中……

1956年，在数学研究领域已经有些成绩的陈景润被当时著名的数学家华罗庚看中，调到了数学研究所。从此，陈景润如鱼得水，加快了对哥德巴赫猜想的研究。他时常想："努力，一定要努力，绝不辜负党和人民对我的重托和希望。"

一天又一天，一年又一年，陈景润不分昼夜地攻克着一道道难关，一步步地走近了诱人的"皇冠"。

令人伤心的事，正当陈景润奋力向前冲刺的时候，史无前例的"文化大革命"爆发了，一群无知的"造反派"冲进了他的工作室，抢走了珍贵的手稿，撕破了宝贵的研究资料……

△ 陈景润

一时之间，陈景润陷入了极度的伤心与悲愤之中。

"算了，别研究吧。"家人看到陈景润还是这样如痴如醉地写呀算呀，心疼地劝起来。

"没关系，他们闹他们的，我研究我的。"陈景润像一个"痴子"，拖着虚弱的身子，仍然一头扎在他的"哥德巴赫猜想"中。

1973年，陈景润终于在《中国科学》上发表了《大偶数为一个素数及不超过两个素数的乘积之和》的论文，一下子震动了国际数学界——至此，"哥德巴赫猜想"终于被证明至此，整个数学界都沐浴在摘取"明珠"的胜利曙光之中……

陈景润为研究哥德巴赫猜想费尽了毕生的心血，而且工作室就是一间不足10平方米的宿舍，条件非常艰苦。可见，发明创造首先需要的是"恒心和毅力"，等待"天上掉馅饼"的人，永远不会在事业上有所作为。

公元纪年的出现

公元、世纪和年代是人类用来记录大段时间的单位，这个看似虚拟的单位，对人类的作用却非同小可，它们是人类历史时间计量单位的基础。

公元即公历纪元，国外也叫"基督纪元"，这种纪年法普遍为世界上多数国家采用，联合国也公认这种纪年法是标准的公历纪元，简称公元。据史料记载，公元这种记录时间的方法始行于基督教盛行的6世纪。公元525年，一个名叫狄奥尼西的东正教僧侣，主张以耶稣诞生年作为纪元元年。这个主张很快得到了教会的大力支持。那时的人们，对基督教都坚信不疑。公元532年，教皇们将此纪年法在教会中使用，并很快传播到各个信奉基督教的国家。

但是，公元纪年法当时只在教会中使用，并未在民间流行。直到1000多年以后的1582年，罗马教皇制定格里高利纪年法时，才决定继续采用这种纪年法。由于格里高利历的精确度很高，所以为国际通用，故称公历。由此，耶稣基督诞生的那一年，便被称为公元元年。耶稣诞生前则是"公元前"，以BC表示，英文为"Before Christ"，意为"基督之前"；耶稣诞生后为"公元后"，用AD表示，拉丁文是"Anno Domini"，意为"主的生年"。公元元年相当于我国西汉末期平帝刘衍的元始元年。我国采用公历是在辛亥革命以后的1912年，但与当时中华民国纪元的纪年法并行。中华人民共和国成立后，才完全采用公历纪年。我国台湾省，现在采用的仍是民国纪元，如2000年是民国八十九年。

"世纪"一词，也来自拉丁文，意思是100年。现在，人们已把世纪作为计年单位，即每100年为1个世纪。从耶稣诞生的那一年算起，公元1年至100年为第一世纪，称公元1世纪。公元101年至200年为第二世纪，称公元2世

△ 油画《耶稣诞生》

纪。公元20世纪，是指1901年至2000年这100年间。所以21世纪应从2001年开始，而不是从2000年开始。相反，从公元元年的前一年往前推算，也以100年为41个世纪，称为公元前多少世纪，例如我国夏朝建立的年代约在公元元年以前2100年时，就可以说它建立于约公元前21世纪。

此外，纪年法还有"年代"，"年代"是指在每一世纪中，以10年为一阶段，如"30年代"、"80年代"等。一般1个世纪的最初10年不用年代来称呼，不称"10年代"，而称作"最初10年"；"最后10年"，则可称为"90年代"。

观察月相而得来的"星期"

星期,自古以来就与人们的生产生活有着密不可分的关系,地球上的很多事物都与星期有关。星期的历史相当悠久,早在公元前古埃及人就注意到了月亮圆缺的变化。月相由朔月到上弦月或由上弦月到望月的时间,大约需要7天。于是,古埃及人就用月相变化7天这一个周期来记日期。

后来,古埃及人的这种记时方法传入西方。古罗马人也很早就知道星期的概念了,他们以金星、木星、水星、火星、土星五大行星和太阳、月亮的名字,给一个周期中的7天分别命名。这样,以7天为一个周期的记时法就得了"星期"这个称呼。在中国古代,人们把日月和五大行星合称为曜,所以星期还叫七曜。而国外许多人常常把星期叫做"礼拜"。现代历法学家认为,"礼拜"这个提法与古人的集市贸易活动有关。史书记载,古巴比伦人为了适应产品交换的需要,于公元前7世纪到公元前6世纪时,把集市日固定为每7天一次。在集市日那天,古巴比伦人不工作,专门聚在一起做生意,买卖一些日常生活用品,并过宗教节日。后来,随着生产力的提高,人们也不需要专门的"集市日"了。但这个古老的习惯改不掉,于是基督教把集市日定为在教堂集会做礼拜,作为崇拜上帝的日子,进行祈祷、唱诗、读经、讲道等活动,把这一天又称为"礼拜日",在"礼拜日"以后的天数则以"礼拜一、礼拜二、礼拜三……礼拜六"依次来命名。因此,星期的记时法就正式出现了。

公元3、4世纪,星期记时法传入中国,人们为了统一称呼,也仿效礼拜记时的命名方法,结合自己的"七曜",把星期中的各天分别用"星期日、星期一、星期二……星期六"来命名。

科学家们发现一种简易推算法,可以不用查对日历,就能知道一年中任

△ 月相

何一天是星期几。掌握这种方法，须牢记四句口诀："星期减去一，相加再除七，七内算得数，七外看剩余。""星期减去一"，就是将月历每月第一天对准的星期数减去一，那么当月代号就出来了。例如1984年的每月代号依次是6、2、3、6、1、4、6、2、5、0、3、5；"相加再除七"，则是知道了每月的代号，可将本月的任何一天数字与代号相加，然后用7除；"七内算得数"，假若代号和日期相加小于7，其"被七除"的得数就是星期的日期。以5月3日为例，5月的代号为1，1+3=4，那么1984年5月3日这天便是星期四；"七外看剩余"，以3月16日为例，3月份的代号是3，3+6=9，9减去7，剩余数是2，6号就是星期二。用这种算法可以方便解决一些生活中的困难，学会它无疑是有很大好处的。

　　星期概念的提出和使用尽管相当早，但它已被世界各国所接受，在人们的生产生活中发挥着重要的作用。

冰箱的发明

冰箱的发明,使人类拥有了清凉、保鲜的食物。1923年,瑞典两位工程师浦拉腾和孟德斯制成了世界上第一台电冰箱,从此,电冰箱走进了千家万户,成为人们日常生活中常用的"家电伴侣"。

千百年来,人类一直试图使自身和食物在大热天保持清凉。早在公元前1000年,中国人就懂得把冬天的冰块放进地窖里,保存到夏天使用。公元8世纪,巴格达王国的国王为了降温,在他的避暑山庄里堆满了从国外运来的雪。但是直至1834年,68岁的发明家雅各布·珀金斯申请到了压缩机的发明专利后,人们才知道如何制作人造冰块。珀金斯的机器与今天我们使用的家用电冰箱原理是一样的:通过蒸发一种压缩的流体来达到制冷效果,接着再重新让它冷凝。只不过,当初珀金斯用的材料是乙醚,而我们今天用的是氨和氟里昂等。

冰箱最初的面目并不讨人喜欢。它是一个简易的"冰盒",内镶石板衬壁,可以隔热,但因为没有独立的藏冰格,肉类等食品保存时容易变色。于是,有人开始着手研究机械化的冰箱。在19世纪末,一些用于商业用途的早期冰箱得到了广泛应用:商家用它装运牛排送到世界各地,在巴黎的餐馆里用它冰葡萄酒,甚至还用来造溜冰场。20世纪初,一位名叫威利斯·开利的工程师在纽约布鲁克林的一家印刷厂里设计出了一台"空调器",它不仅能降温,还可以控制温度。不久,他的机器就出现在各大商店与影剧院中。人们对开利的系统进一步改造,大约在第一次世界大战期间,出现了一些体积更小的家用冰箱。但是这种新发明有着噪音大、易泄漏的缺陷,实际上,它只是在旧式"冰盒"壳内安装上电机和转动皮带,这使它的外貌看起来像试验品。

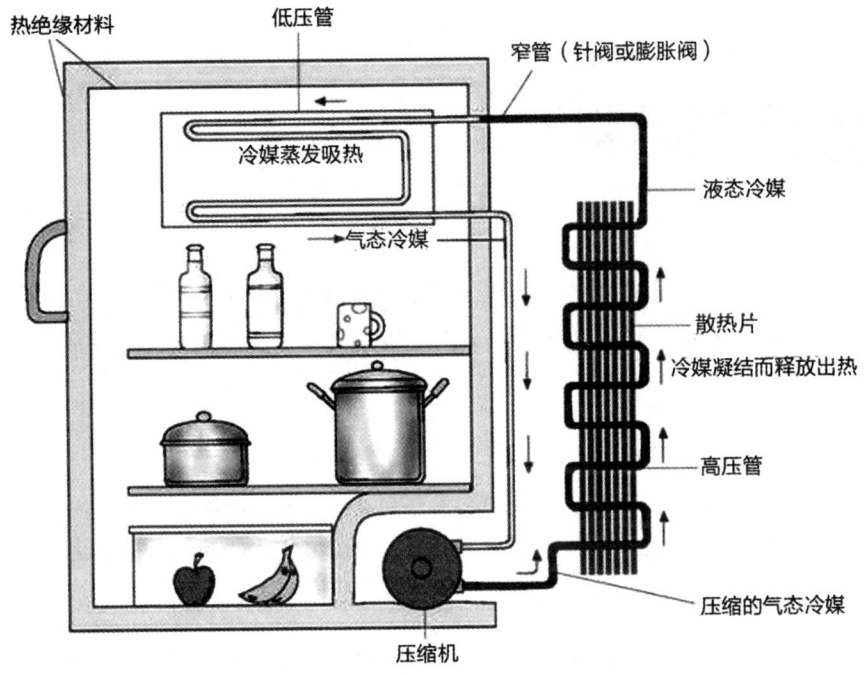

△ 电冰箱工作原理

　　1923年，瑞典工程师浦拉腾和孟德斯制成了世界上第一台电冰箱，它使用电动机带动压缩机运转。两年后，美国一家公司买断了此项技术专利，开始大量生产电冰箱。家用冰箱从此风靡全球。据统计，在美国，冰箱的普及率相当高，没有电冰箱的家庭只占不到1％的比例。

　　自第一批电冰箱的问世，到如今的"遍地开花"，冰箱自身也发生了巨大的"革命"。早期的冰箱，里面的电动压缩机和食物箱是分开的，后来才合而为一。而电冰箱内，最初使用的冷冻剂是有毒的物质，如氨或硫酸，后来逐渐发展为较为安全的氟利昂，沿用至今。随着生产数量剧增，冰箱价格开始暴跌。到1944年，约85％的美国家庭拥有了电冰箱。科学家们不断地对冰箱进行技术革新，生产出便携式的小型冰箱，开发出声波制冷等新技术来节约能源。由于氟利昂的挥发容易导致大气层中臭氧层减少，因此，目前市场上高效率、不含氟利昂的电冰箱已经出现了。

 避孕套的发明

说起避孕套,大家既是耳熟能详又还有些羞于启齿。其实,我们人类在很早以前就开始使用它了,只不过它用来避孕的作用是后来才慢慢发现的。

一、源远流长的历史

避孕套的历史由来已久。类似的"性爱工具"在古埃及和古罗马时代的艺术品上均有描绘。早在公元前2000多年,避孕套就出现在古埃及人的生活中,那个时候被称作阴茎套,功能并不是防范疾病和避孕,而是和女性佩戴的首饰一样,被当做装饰品,男人一般挂在身上,是财富和地位的象征。

在近代来说,避孕套是伴随着新航路开辟而出现的。1492年,哥伦布的水手们把梅毒从美洲的海地带回了西班牙,一年后又传至法国、德国和瑞士。由于欧洲的性开放,梅毒横扫了欧洲,10年后,这种病毒便征服了整个世界。所以早期发明的避孕套并不是用于避孕的,而是用于防止性病传播,所以称它为阴茎套、保险套、如意袋等。

现存世界上最早的有关避孕套的文字记载(1564)是出自于意大利帕多瓦大学的解剖学家加布里瓦·法罗皮奥(1523~1562),他描述了一种浸有药液的亚麻布套制成的阴茎套。他声称这项发明的目的,首先是为了预防性病,其次是用来避孕。1551~1562年间,他曾对1100名各种类型使用这种避孕套的人进行了调查,结果令人满意。

现存世界上最古老的避孕套诞生于1640年前后,是利用鱼鳔和动物肠子制成的,已经有300多年的历史。它一端以丝线缝密,另一端的开口可以锁紧,防止滑落。但是,这类避孕套很难在需要时马上派上用场,因为事先需以暖和的牛奶将它隔夜浸软才能使用。在英国伯明翰附近的达德利古堡发现的安全套有10个,曾经在荷兰举办的性爱展览中展出过,由于年代已十分久

远,现在已像枯叶一般干硬。

二、康德姆的巨大贡献

现代的避孕套是17世纪晚期的一位英国医师约瑟夫·康德姆发明的。为了纪念他,避孕套在英文词汇中被命名为Condom。康德姆发明的避孕套,是采用小羊的盲肠制成的。先把羊肠剪成适当的长度,晒干,接着用油脂和麦麸使它柔软,直至变成薄薄的橡皮状。

18世纪阴茎套在欧洲一些妓院内非常流行。

之后,人们才认识到它还有避孕的功效。到了近代,由于世界人口急剧增长,阴茎套才作为男性的避孕工具,并被正式命名为"避孕套"。

早期的避孕套,大多是用亚麻布或羊肠制作的,进入19世纪后,逐渐为乳胶质避孕套替代。第一个乳胶避孕套,是荷兰物理学家阿莱特·雅各布博士在1883年发明的。到了20世纪初,伴随着乳胶工艺的发展,避孕套的生产技术也获得了改进,但其厚度为0.06毫米,这使得男女双方往往不能"尽兴"。1949年,日本人率先研制出了厚度仅0.02毫米的"超薄型"优质避孕套。不久,俄罗斯生产厂商匠心独到,又生产出了表面布满许多微小乳胶颗粒的避孕套,使之更加人性化。

三、女权主义的诠释

从某种意义上来讲,避孕技术的产生过程,实际上也是和人类传统的生殖观念斗争、决裂的过程。避孕套等有关技术的发明创造,为人类自身有节制地发展作出了巨大的贡献。而避孕技术的广泛推广是由女权主义运动造就的。所谓女权主义,是女性向男权主义和制度进行挑战并争取女性权利的思潮和运动。女权主义只是表现了一种激进甚至极端的倾向,准确来说,应该称之为女性主义运动更为妥当,它是确定女性独立人格和两性平等的运动,不仅以女性为主体,而且大量"现代意义"的男性也是积极的参与者甚至是主导者。可是,运动往往会不自觉的矫枉过正。正因为如此,这场运动就几乎涉及了人类活动的一切领域,包括政治、经济、文化等方面,是一种复杂、混乱但却强有力的运动,以显著或不显著的方式全面改变着人们的社会关系,以及人们的性关系。

不管女权主义运动是哪种类型、哪种派别，有一点是共同的，即女性试图根据自己的想法控制生育机会，把自己从为男性延续血系的工具性地位中解放出来。这是一切女权主义运动的自然基础。当女性始终陷在怀孕、哺乳的不断循环中时，不管她的身份如何，都无法培育出独立的人格，也就同样限制了经济独立的可能性。

而要控制生育，女性只有两条途径：一是通过拒绝性交达到避免受孕，这几乎是行不通的，；因此，另一条途径就有了特别的意义，即用避孕技术避免受孕。即使男性拒绝采取避孕措施，女性也可以在事先或事后自己进行避孕。

以避孕套为代表的全部现代避孕技术的发明、推广和广泛使用，是人类第一次以技术的手段全面改变了性交方式，是性交方式的一次伟大的技术革命，对整个人类历史都具有非常深刻的意义。可以毫不夸张地说，避孕套改变了人类。在人类进入文明时代以后，一切的发明都没有避孕套的发明、推广和广泛使用较之人类更有意义，避孕套从人类最自然的性学意义上改变了人类。对性交本身来说，首先，避孕技术——避孕套、避孕药物和现代医疗——使得性交与生育相互独立，生育不再是性交的必然结果，从而大大改变了人类学的自然法则，从根本上打击了男权主义和制度；其次，由于避孕，性交就不再是纯粹为生育的性交，恢复了为性交的性交，重新为两性共同确立了性交的绝对快感原则，特别是对经过长期压抑的女性来说，性交快感获得了空前的解放。从而性自由成为男性和女性共同的习惯用语；再次，避孕措施的普遍使用强化了人们性交的技术意识，两性共同的快感追求使彼此更注重性交过程中的感受：一方面，削弱了男性的独占意识，使狭隘的贞操观、贞洁观失去了支撑能力；另一方面，特别是女性的嫉妒意识获得了解放，避孕既使家庭人口增长成为一件自我控制的事，也使一夫多妻制失去了存在理由，从而导致了一夫多妻制最后的消亡。

总之，避孕技术的推广和普遍使用是女性主义运动的重要基础，虽然女权主义运动通常总是认为经济问题是女性地位的核心问题，但这是近百年来流行的经济决定论的表现。其实，人身问题才是妇女解放的首要问题，只有当妇女有足够的时间和精力投身于经济、政治、文化运动时，才有可能获得经济、政治、文化的解放，这就像奴隶的解放运动一样，首先不是一个经济问题，而是一个人身问题、政治问题。当然，避孕仅仅只是一种技术，是从最自然的角度给女性带来人身解放的技术，女性在经济、政治、文化上的解放则仍然要依赖于广泛的女性运动，但是，女性只有当不仅仅是作为一种性对象和生育工具的时候，才可以得到全面的解放。

光合作用的发现

在我们生活的地球上,生长着无数的绿色植物,这些绿色植物对于人类有着重要的价值,它们就像一座奇妙的"绿色工厂"。在绿叶这个"车间"里,通过叶绿素这架"机器",利用水和二氧化碳为"原料",加上阳光作为"动力",生产出了供全世界50亿人口、上百万种动物直接或间接赖以生存的"产品"——氧气和淀粉等碳水化合物。这就是人们已经非常熟悉的绿色植物光合作用的原理。然而,揭示"绿色工厂"之谜的过程,却历经了200多年的漫长岁月,倾注了几代人毕生的精力。

拉开历史的帷幕,我们回到遥远的17世纪。1629年,荷兰科学家海尔蒙做了一个很有意思的实验:柳树是"吃"什么长大的,试图以此揭开植物靠什么生长之谜。他把一棵重2.25千克的柳树栽到一只装有90千克泥土的桶里,然后只浇雨水,不加任何其他东西。5年以后,小柳树长大了。海尔蒙把柳树挖出来,抖干净泥土,称一称重量,柳树竟长到85千克,而晒干以后的泥土重量只减少了约60克。显然60克泥土是"变"不出80多千克柳树的。那么柳树究竟是"吃"什么长大的呢?因为除了泥土之外,柳树得到的唯一的东西就是水。这样,海尔蒙为我们找到了"绿色工厂"开工的原料之一——水。但是,海尔蒙的认识却只限于这一点。那时,他还不知道光合作用是怎么回事,而给人们留下了继续探索的问号。

1771年8月的一天,一向对气体感兴趣的英国化学家普利斯特列做了一个实验。他在一只大瓶内点燃了一支小蜡烛,然后将瓶口盖住。过了一会儿,蜡烛熄灭了。这时,他把一只小白鼠放进瓶内,小白鼠很快死去。当时,普利斯特列认为燃烧后瓶中的空气变"坏"了,所以小白鼠死了。普利斯特列设想了很多使燃烧后的"坏"空气重新变好的方法。他设想用水来净化空气，但没成功。他又想用植物来试试。他在蜡烛燃烧后的瓶子里放进一根活的薄荷枝，几天以后，薄荷枝长得很好，叶子也平展地伸开来。再放进一只小白鼠，盖上盖子，小白鼠也欢快地跑来跑去。一枝小小的薄荷枝居然有如此奇妙的本领！于是，普

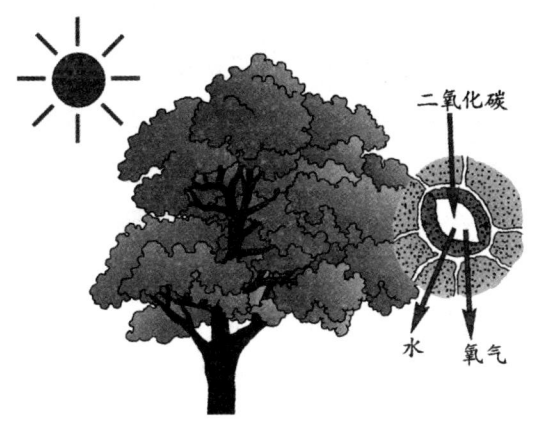

△ 光合作用示意图

利斯特列认为：植物能把燃烧后变"坏"的空气再变好。他喜出望外地把自己的实验写成论文，告诉世人：绿色植物可使燃烧后的"坏"空气变好，这种好的空气是动物和人生存所需要的。

普利斯特列虽然还不知道自己发现的气体是什么，但他确实找到了"绿色工厂"的产品之一——氧气。

普利斯特列的意外发现像长了翅膀，立刻传遍了四面八方，引起了许多人的兴趣，人们纷纷重复他的实验，但得到的结果却不太一样。有的时候绿色植物能把坏空气变好，有的时候却不能。普利斯特列也在重复着自己的实验。有一次，当他参加庆祝会回来时，已经是快深夜了，兴奋使他失去了睡意，他点着蜡烛，重复做起了他的实验。这一次他却得到了相反的结果：小白鼠在放进一根薄荷枝的坏空气里，很快便一命呜呼了。这令普利斯特列非常费解。

就在人们百思不得其解的时候，荷兰医生英杰豪斯的实验为人类打开了天窗。1779年，英杰豪斯在伦敦近郊租了一所别墅，在整个夏季的3个多月里，他做了500多次实验。他用一个盛水的大烧杯，把绿叶或水草浸在水里，水草上面扣上一个玻璃漏斗，漏斗管上再倒扣一个试管（这一装置就如同中学生物学课本中"光合作用产生氧气的实验"装置一样）。然后，他把这个大烧杯放到阳光下，不久，漏斗里就有小气泡上升，等试管里收集了一

大半气体后,他就用带火星的小木条放到试管中,顿时木条复燃,而且火焰很亮。如果把这个实验放在暗处做,漏斗中就没有气泡产生。他发现自己似乎得到了这样的结论:植物只有在阳光下才能把坏空气变好,而在黑暗中却不能。为了进一步证实这一点,英杰豪斯做了大量的观察和实验。他分别选取房屋的阴面和阳面,高楼或树木的阴影下,太阳光升到地平线后,夕阳西下以后,晴天或阴天等各种不同的条件,反复多次进行研究,结果都是相同的,即太阳光参与了绿色植物把"坏"空气变好的活动。

至此,普利斯特列实验的真相大白:空气变好变坏的关键,在于绿色植物是否得到阳光的照射。同时,"绿色工厂"开工的"动力"问题得到解决。

英杰豪斯的实验结果是令人振奋的,但他最终还不能解决另一问题,就是在封闭的瓶子里,小白鼠和绿色植物为什么能够长期共存呢,绿色植物以什么作为自身的营养物质呢?回答这个问题的是瑞士的牧师谢尼伯。

谢尼伯虽然以传教为业,但对于植物学却非常感兴趣。他继续研究着普利斯特列和英杰豪斯的实验,直到3年后的1782年,他才发现植物在阳光下不仅能使"坏"空气变好,而且能够把"坏"空气作为自身的养料。这样,封闭瓶中小白鼠和绿色植物长期共存的问题立刻迎刃而解。"坏"空气(即二氧化碳)作为"绿色工厂"开工的另一基本"原料"开始得到承认。

这样,"绿色工厂"的"原料"、"动力"和"产品"三大秘密由不同国籍、不同职业的人,通过辛勤的劳动相继揭开了。然而,"绿色工厂"的另一个重要的"产品"——淀粉又是怎样被认识的呢?

德国植物生理学家朱里斯·萨克斯是认定淀粉是"绿色工厂"的"产品"的第一人。朱里斯·萨克斯是一个酷爱植物的科学家,他对植物的生长和生活习性特别感兴趣。一天清晨,他在给花草浇水时,望着千姿百态的绿色植物沉思:如果绿色植物的"工厂"真的开在叶片里,那么叶片里一定有其合成的化合物,如果这化合物是淀粉的话……淀粉通常不溶于水和酒精,但一遇到碘,就会显出蓝色来。为何不试验一下,验证这叶片里到底有没有淀粉呢?

他摘下几片天竺葵的叶子，把它们洗干净，放到盛有酒精的烧杯里加热，使叶肉里的叶绿素溶解在酒精中。这时，叶片变成了黄白色，再用水冲洗一下，滴上一滴碘酒，果然叶片显现出了蓝色。朱里斯·萨克斯高兴得跳了起来，他证实了"绿色工厂"就开在绿叶里，并且它的"产品"之一是淀粉。

当天晚上，他就选取了一盆天竺葵，开始了更进一步的实验。他用不透光的小黑纸片把一片绿叶遮蔽起来。第二天，他把这盆天竺葵放在阳光下照射几小时。然后，他把被黑纸片遮蔽的叶片和没被遮蔽的叶片同时摘下，也用上面的方法进行实验。结果，滴上碘酒以后，没有遮光的叶片变成蓝色，而遮光的叶片显现黄色。这说明植物要制造淀粉，必须借助阳光。

接着，朱里斯·萨克斯循着瑞士牧师谢尼伯的思路，即绿色植物既能把坏空气变好，又能把"坏"空气当做自身养料这一结论，用简陋的实验证明了这个"坏"空气（二氧化碳）就是植物制造淀粉的必需原料。

这样，朱里斯·萨克斯以三个关键性的实验，总结了19世纪以前科学家对"绿色工厂"的探索，进一步验证了海尔蒙、英杰豪斯、谢尼伯分别提出的关于水、二氧化碳和阳光是"绿色工厂"必需条件的理论是正确的。

直到1896年，法国科学家贝尔纳斯才在前人的研究基础上，给绿色植物这一独特的生理化学过程命名为"光合作用"。光合作用用化学语言来表达就是：

纵观科学家探索"绿色工厂"之谜的历史，我们可以知道：一个人要在某些方面取得成就，总是离不开前人所打好的基础。科学是有继承性的。正如牛顿所说："如果说我比别人看得远些，那是因为我是站在巨人肩上的缘故。"

探秘科学发明发现

筷子的发明

筷子，两根棍儿成一双，它是中国最早发明的餐具之一。看起来，筷子似乎没有什么科学内容，其实并非这样，它实际上包含着许多科学与文化的含义。

一、快儿、快子、筷子

话说3000年前，我国商朝末期的一天，有一对哥儿俩在湖上撒网打鱼。夕阳西下，夜幕已经降临，他俩扯起简易的风帆，驶上归途。哥儿俩一边说笑，一边喝着稀粥。粥是在船头上熬的，喝起来不免很烫，他俩比赛看谁喝得快，喝完好回家歇息。弟弟顺手从岸边扯了两根细树枝，一边儿在碗里搅动，一边儿往嘴里送粥，结果他得胜了。

"你喝得好快呀，这么烫的粥你都能喝下去？"哥哥表示惊讶。

"多亏这两个家伙帮忙！"弟弟扬起那两根细树枝，幽默风趣地说。

"这是什么呀？"哥哥好奇地问。

"快儿！"由于归心似箭，希望快一点儿行船，一路顺风，讨个吉利，弟弟便所答非所问地接上了这么一个词儿。

早先，原始的先民们吃东西都习惯用手指，所以，第二个手指称为食指，就是用它来夹取食物的。直到今天仍有一些少数民族保留了这一遗风，即吃"抓饭"。例如新疆、内蒙和中亚一些地区人们还保留着这种风俗习惯。用手抓吃食物固然方便，但对太烫的食物便不好下手了。难怪船上的这位弟弟面对烫人的稀粥急中生智，取了两根细树枝来帮忙。回到渔村，哥儿俩说起这件事，渔夫们都很有启发。于是，别人也学着用木条或竹子做了一双"快儿"。

"快儿"说起来有些拗口，慢慢地被人叫成"快子"，因为"子"字与

△ 筷子

"儿"字同义。后来,这"快子"由于都用竹材来做,也渐渐写成"筷子"了。天长日久,筷子的制作越来越精致。

筷子的历史确实悠久。发明筷子的兄弟俩,姓甚名谁,已无从查考。筷子在古时称"箸",也称"筯",还称"挟",《礼记·曲礼上》中明文记载。这说明筷子的发明至少追溯至3500年前的商朝时代。《史记》一书曾记述:"纣时有象箸。"纣是商朝的国君,在位时相当于公元前1144年。"象箸"便是用象牙制成的牙筷。由此可见,当时不仅有普通的竹筷,而且已有牙筷之类的高级筷子了。当然能用牙筷者,很可能只是少数贵族。据我国史书记载,夏商时期有加工成型的骨筷、玉筷,春秋时期有铜筷、铁筷,汉魏六朝则有各种规格的漆筷。如今的筷子,尽管用材和粗细长短不一,但其基本点——"两根小棒"并没有变化。

二、文化内涵耐人寻味

筷子历史确实悠久。美国人类学家认为中国的筷子应该出现于公元前1200年。公元4~6世纪,筷子从中国传到日本及东南亚各国。在日本,每年8月4日为"筷子节"。筷子作为中国人的一种独特的餐具,轻巧、方便、卫生、雅观。经常使用,还可以训练手指,有助于产生"心灵手巧"的健康效果。据日本专家测定,人在用筷时,要牵动肩部、胳膊、手掌、手指的30多个关节和50多条肌肉,这使大脑、关节、肌肉得到很好的锻炼。千百年来,筷子在作为餐具的同时,还代表了华夏民族的一种文化。著名物理学家李政道对筷子评价就颇高。他说:"别看如此简单的两根东西,却是巧妙地运用了物理学的杠杆原理。它是人类手指的延长,手指能做的事它几乎都能做,而且不怕高温和寒冷,真是巧妙极了。"

筷,古书作"箸"。箸和住是谐音。"住"含缓慢、停止的意思,民间因它预示不祥而有所忌讳。为此,人们反其意而称箸为"快"。加之这东西多用竹制成,故古人便将"快"写成"筷"字了。

中国是诗歌大国,自古就有以筷为题的诗词。明代程良规曾写过一首《咏竹箸》:"殷勤问竹箸,甘苦乐先尝。滋味他人好,乐空来去忙。"这首诗写出了筷子辛勤为人服务的精神。人们崇敬春蚕、蜡烛、砖瓦的献身精神,其实筷子也有令人崇敬的"助人为乐、舍己为人"的高尚品格。清代大学问家袁枚也写过一首《咏箸》诗。诗中叹道:"笑君攫取忙,送入他人口。一世酸咸中,能知味也否。"也许是这位随园老人一生坎坷,宦海沉浮不得志,想借筷子发一番牢骚。

宋代女诗人朱淑贞,才华横溢,而一生却抑郁不得志,创作了不少委婉凄怨的诗词。她也写了一首《咏箸》诗,描述生动形象,喻意幽默,然而明显充满着无可奈何的情绪:"两个娘子小身材,捏着腰儿脚便开。若要尝中滋味好,除非伸出舌头来。"

此外,筷子的文化含义往往深奥而形象,表达了许多哲理。秦朝末年,楚汉相争,张良用筷子作形象示意(用筷的动作,就像剪刀一样一张一合),为刘邦剪灭项羽出谋划策。三国时期,曹操青梅煮酒论英雄,刘备借惊雷将筷子"失手落地",表白自己胆小怕事,是个庸人,才免遭大祸。唐朝年间,唐明皇将一双金筷赐给大臣宋璟,赞赏他像筷子一般耿直,不徇私情。而永福公主在婚事上,以折断筷子来表达宁折不屈的抗婚决心。民间还流传有老汉临终教子团结的佳话,用筷子寓意,一根筷子脆弱无力,一折就断,而一把筷子捆在一起就坚强有力,这个故事在中国千百年来几乎老少皆知。

富尔顿与轮船的发明

早在几千年以前,人类就用巨大的树木制成了最早的船,人们叫这种船为独木船。以后,古人出于不同的目的又制成了各种各样的船只。到1000年前的隋唐时期,造出了长达20丈可乘载600多人的大海船。公元1404年明代航海家郑和下西洋时,所率领船队中的最大船只,竟长达150米,宽61米,立9桅,张12帆,锚重几千斤,舵长11米,重达1500吨级。

欧洲人也在很早的时候就造出了船只。如公元1492年,哥伦布率领的在美洲"发现了新大陆"的船队,就是由巨大的船只组成的。1521年,麦哲伦一行进行环球航行,所率领的也是一支用巨大船只组成的船队。

一个小小的独木船,经过几千年漫长的岁月,体积一点点地增大,人类就借助这个在古代社会中最省力的运输工具对未知世界进行探索。那时不论船的体积多么庞大,气势多么宏伟,它一直都是靠人力和风力行驶的。

1769年,瓦特蒸汽机的发明,给古老的船只摆脱人力、风力行驶的状况提供了可能。人们开始了把蒸汽机用于推动船舶航行的探索。

美国发明家富尔顿,于1807年发明了新型水上运输工具——轮船,它迎来了人类水上航行的机械化时代。

富尔顿生于美国的一个农场工人家庭。少年时代,他酷爱绘画,善于幻想。在他刚刚进入青年时期,就成了一位很有名气的肖像画家。富尔顿的爱好不仅在绘画上,他对搞科学发明兴趣更高。他在少年时代,就曾幻想制造一种不用人力和风力，便能自动在水上行驶的船只。渐渐地，他完全地陷入了这一幻想之中。

有一天，他划着船在海上游玩。划累了，就坐在船舷上休息一会儿，在不知不觉中，他感觉到船儿游动起来。没有划桨，风平浪静，船为什么会游动呢？富尔顿蓦然看到自己伸在水中的双脚，由于他脚伸入海水之中不停地戏耍，起到了桨的作用，推动了船漂转。富尔顿高兴极了，他幻想一定要造出一只大船，船只由大轮子做桨推动行驶，所以富尔顿叫他的船为"轮船"。他又从这件事中受到启发：若用蒸汽机带动这个大轮子，不就可以驱动船只向前航行了吗？

随着富尔顿长大，造船的幻想越来越占据他的心灵。1797年他去法国学习绘画，可他在那里居然制成了一艘长6米，宽2米的潜艇，起名为"鹦鹉螺"。后来他结识了一位名叫利文斯顿的美国驻法国公使，利文斯顿也想发明轮船。两人志同道合，最后利文斯顿竟把女儿嫁给了富尔顿。1802年，富尔顿又来到伦敦学习绘画，但他仍把许多精力放在钻研科学技术上。使他走运的是，他结识了蒸汽机的发明人瓦特。

1803年，富尔顿回到巴黎，在塞纳河上又建成了一艘船。可就在他准备试航的前一天，狂风将船打成两截，沉入了河底。富尔顿伤心极了，流下了眼泪。

1807年，富尔顿回到祖国美国，他又造起一艘名为"克莱蒙特"号的轮船。人们把这个庞然大物看做是个怪物，把富尔顿看做是个疯子。富尔顿把各种奚落嘲讽丢在脑后。1807年的8月17日，"克莱蒙特"号正式下水试航。如潮水般的人群目睹着这个怪物——它长达40.5米，两侧各有一个大水车式的轮子，上面立着一个直冒黑烟和火星的大烟囱……富尔顿一声令下，船体徐徐离开船座向水中滑去，由富尔顿设计、瓦特亲手制造的发动机轰鸣起来，两侧的轮子转动起来拍打着河水，"克莱蒙特"号的远航开始了。

富尔顿这次试航的成功，使人们深深认识到轮船的威力，正式揭开了航运史上轮船时代的序幕。尽管在富尔顿之前制造轮船的人，算起来不下十人，但世界却公认轮船的发明人是富尔顿。

史蒂芬森与火车的发明

史蒂芬森出生在英国的一个煤矿工人家庭。由于家境贫寒，8岁时不得不到矿上当童工，干些擦拭机器和保管零件的杂活。当他14岁时，开始操纵纽可门式气压蒸汽机。天天与蒸汽机打交道，使他与蒸汽机交上了朋友，他从小在矿上长大，与煤矿工人有着特殊的感情，并且对煤炭运输的艰辛有很深的感触。于是，史蒂芬森立志，一定要发明一种强有力的运输工具，解除煤矿工人的劳苦。从此，他开始了对火车的研究。

史蒂芬森与当时英国的大多数技师一样，没有受过任何正规教育。17岁时，他还认不得几个字，科学知识更少得可怜。他是个被人瞧不起的小杂工。可是史蒂芬森不顾别人怎样看待他，他对自己充满信心，决心从头开始。他说："既然基础等于零，那就一切从零开始。"从此，他就开始参加夜校学习。

由于史蒂芬森文化水平太低，17岁的他每天要同七八岁的儿童坐在一起上课。小同学都感到好奇，总是带着讥笑的眼光看着他。为了学习，他对这些毫不在乎。白天干活，晚上学习，就这样凭着坚忍的毅力，他终于摘掉了文盲的帽子，阅读了大量的科技书籍，掌握了制造火车的数理化专业知识。

"火车"一词是如何来的呢？早在1803年，一个名叫特拉维西克的英国矿山技师首先利用瓦特的蒸汽机造出了世界上第一台蒸汽机车。这是一台单一汽缸蒸汽机，能牵引5辆车厢，它的时速为5~6公里。这台机车没有设计驾驶室，机车行驶时，驾驶员跟在车旁边走边驾驶。因为当时使用煤炭或木柴做燃料，所以人们都叫它"火车"，于是一直沿用至今。但是这台机车有很多缺点，经常出事故。1812年有人在铁轨上试行改进，但没有成功。到了1813年又有人为解决铁轨打滑问题进行了改进，也没有成功。就在这时，史蒂芬森开始了对蒸汽机车的探索。

史蒂芬森深知实践的重要。他不仅学习书本的知识，还十分注重实践。他仔细观察了当时人们制成的各种火车，研究比较了它们的优缺点。他还专程来到瓦特的故乡，深入研究瓦特蒸汽机的构造原理。经过刻苦的钻研，他终于掌握了蒸汽机的性能，总结出许多试制蒸汽机车的经验。1814年，当史蒂芬森33岁时，终于造出了第一台蒸汽机车。这台机车有两个汽缸，能牵引30吨货物，时速7公里，可以爬坡。

史蒂芬森的火车大大提高了前人试制的机车的效率，史蒂芬森所创造出的这种新的陆路运输工具，开创了运输事业的新时代。但这种火车仍然有许多不足之处。由于翻车事故，造成人员伤亡。因此有人硬说不如马车安全，蒸汽机喷汽时产生强烈的噪音，惊吓牛马，所以一些人阻挡、反对使用火车。史蒂芬森又对火车进行了改进，其中最重要的是减少了噪音。

1823年，史蒂芬森作为总工程师，完成了从斯托克顿到达林顿的世界上第一条40公里长的商业性铁路工程。起初这条铁路不是为行驶火车而铺设的，而是为马车运输铺设的。经史蒂芬森的努力，终于促使英国政府同意让火车在这条铁路上行驶。

1825年9月27日，当由史蒂芬森亲自驾驶他自己制造的"运动"号机车，载了450名旅客，以时速24公里从达林顿驶到斯托克顿时，铁路运输事业就从此诞生了。

从此，火车终于被世人承认。史蒂芬森被世界公认为火车的发明人。

直到1828年，马力运输才被机车运输取代。这一年在莱茵希尔进行的一次机车比赛，参加比赛的有三人，史蒂芬森驾驶着他的"火箭号''机车以每小时58公里的速度行驶了100公里，战胜了对手"桑士巴里号"和"新奇号"，取得了胜利。

破译科学系列

核武器的发明

核武器的出现，是20世纪40年代前后科学技术重大发展的结果。

1939年初，德国化学家O·哈恩和物理化学家F·斯特拉斯曼发表了铀原子核裂变现象的论文。几个星期内，许多国家的科学家验证了这一发现，并进一步提出有可能创造这种裂变反应自行进行的条件，从而开辟了利用这一新能源为人类创造财富的广阔前景。但是，同历史上许多科学技术新发现一样，核能的开发也被首先用于军事目的，即制造威力巨大的原子弹，其进程受到当时社会与政治条件的影响和制约。从1939年起，由于法西斯德国扩大侵略战争，欧洲许多国家开展科研工作日益困难。同年9月初，丹麦物理学家N·H·D·玻尔和他的合作者J·A·惠勒从理论上阐述了核裂变反应过程，并指出能引起这一反应的最好元素是同位素铀—235。正当这一有指导意义的研究成果发表时，英、法两国向德国宣战。1940年夏，德军占领法国。法国物理学家J·F·约里奥·居里领导的一部分科学家被迫移居国外。英国曾制订计划进行这一领域的研究，但由于战争影响，人力物力短缺，后来也只能采取与美国合作的办法，派出以物理学家J·查德威克为首的科学家小组，赴美国参加由理论物理学家J·R·奥本海默领导的原子弹研制工作。

△ 奥本海默

在美国，从欧洲迁来的匈牙利物理学家齐拉德·莱奥首先考虑到，一旦法西斯德国掌握原子弹技术一定会带来严重后果。经他和另几位从欧洲移居

探秘科学发明发现

美国的科学家奔走推动，于1939年8月由物理学家爱因斯坦写信给美国第32届总统F·D·罗斯福，建议研制原子弹，才引起美国政府的注意。但开始只拨给经费6000美元，直到1941年12月日本袭击珍珠港后，才扩大规模，到1942年8月发展成代号为"曼哈顿工程"的庞大计划，直接动用的人力约60万人，投资20多亿美元。到第二次世界大战即将结束时制成3颗原子弹，使美国成为第一个拥有原子弹的国家。制造原子弹，既要解决武器研制中的一系列的科学技术问题，还要能生产出必需的核装料铀—235、钚—239。天然铀中同位素铀—235的丰度仅0.72%，按原子弹设计要求必须提高到90%以上。当时美国经过多种途径探索、研究与比较后，采取了电磁分离、气体扩散和热扩散三种方法生产这种高浓铀。由于美国的工业技术设施与建设未受到战争的直接威胁，又掌握了必需的资源，集中了一批国内外的科技人才，使它能够较快地实现原子弹研制计划。

德国的科学技术，当时本处于领先地位。1942年以前，德国在核技术领域的水平与美、英大致相当，但后来落伍了。美国的第一座试验性石墨反应堆，在物理学家E·费米领导下，1942年12月建成并达到临界；而德国采用的是重水反应堆，生产钚—239，到1945年初才建成一座不大的次临界装置。为生产高浓铀，德国曾着重于高速离心机的研制，由于空袭和电力、物资缺乏等原因，进展很缓慢。其次，希特勒迫害科学家，以及有的科学家持不合作态度，是这方面工作进展不快的另一原因。更主要的是，德国法西斯头目过分自信，认为战争可

△ 1945年7月16日，在美国新墨西哥州的阿拉莫各多，曼哈顿计划的领导人，包括罗伯特·奥本海默（戴着白帽子）以及根·莱斯利·格罗夫斯（中间），正在检查这个塔留下的废墟，这里正是开展第一颗原子弹实验的地方。

以很快结束,不需要花气力去研制尚无必成把握的原子弹,先是不予支持,后来再重视已困难重重,研制工作终于失败。

1945年5月德国投降后,美国有不少知道"曼哈顿工程"内幕的人士,包括以物理学家J·弗兰克为首的一大批从事这一工作的科学家,反对用原子弹轰炸日本城市。当时,日本侵略军受到中国人民长期抗战的有力打击,实力大大削弱。美、英在太平洋地区的进攻,又几乎全部摧毁日本海军,海上封锁使日本国内的物资供应极为匮乏。在日本失败已成定局的情况下,美国仍于8月6日、9日先后在日本的广岛和长崎投下了仅有的两颗原子弹。

苏联在1941年6月遭受德军入侵前,也进行过研制原子弹的工作。1949年8月,苏联进行了原子弹试验。1950年1月,美国总统杜鲁门下令加速研制氢弹。1952年11月,美国进行了以液态氘为热核燃料的氢弹原理试验,但该实验装置非常笨重,不能用作武器。1953年8月,苏联进行了以固态氘化锂6为热核燃料的氢弹试验,使氢弹的实用成为可能。美国于1954年2月进行了类似的氢弹试验。英国、法国先后在20世纪50年代和60年代也各自进行了原子弹与氢弹试验。中国在开始全面建设社会主义时期,基础工业有了一定的发展,即着手准备研制原子弹。1959年开始起步时,国民经济发生严重困难。同年6月,苏联政府撕毁中苏在1957年10月签订的关于国防新技术协定,随后撤走专家,中国决心完全依靠自己的力量来实现这一任务。中国首次试验的原子弹取"596"为代号,就是以此激励全国军民大力协同做好这项工作。1964年10月16日,首次原子弹试验成功。经过两年多,1966年12月28日,小重量的氢弹试验成功;半年之后,于1967年6月17日成功地进行了百万吨级的氢弹空投试验。

一般将核裂变武器称为第一代核武器,实际上就是原子弹;将核聚变武器称为第二代核武器,实际上就是氢弹;将以调整和控制核爆炸能为特点的新一代核武器称为第三代核武器,主要包括增强某一破坏因素的核武器,如中子弹、冲击波弹、感生辐射弹、光辐射弹、电磁脉冲弹以及核定向能武器等。作为增强的辐射武器,中子弹是目前世界上唯一已实现生产和部署的一种第三代核武器。它在爆炸时能放出大量致人于死地的中子,并使冲击波等的作用大大缩小。在战场上，中子弹只杀伤人员等有生目标，而不摧毁如建筑物、技术装备等设备，"对人不对物"是它的一大特点。1977年6月，卡特总统宣布，美国已经掌握了中子弹的制造技术。1981年8月，里根总统宣布开始生产中子弹。除了美国，法国和俄罗斯也是较早拥有中子弹的国家。法国是第二个研制成功中子弹的国家，有趣的是，法国人为此还耍过美国人一次。法国起先带头反对美国生产和部署中子弹，美国迫于压力而停止了生产。哪里知道法国人却在暗地里拼命研究，并在1980年试爆了中子弹，并扬言将用它来保卫欧洲！对此，美国人气得直跺脚。法国人的中子弹主要装备"哈德斯"地战术导弹，这种导弹的射程为460千米，1992年开始服役。

△ 1964年10月16日下午三点，中国第一颗原子弹爆炸成功

苏联研制中子弹的步伐也不晚，曾于1970年试验过中子弹，但后来因为某些原因而放弃了。美法相继研制成功后，苏联人奋起直追，也成功拥有了中子弹。据说，当年科索沃战争期间，传闻俄罗斯准备动用中子弹，才使北约放弃了地面进攻。

中国自1964年10月16日成功试爆第一颗原子弹以来，一直是世界上核技术发展最快的国家之一。从第一颗原子弹试验到第一颗氢弹试验，我国只用了两年零八个月。从理论上讲，掌握氢弹制造技术的国家都可以轻易地研制出中子弹。1999年7月，我国政府向世界正式宣布：我国不仅发展了中国自己的原子弹和氢弹，而且早已成功地研制了中子弹。

中国政府又多次郑重宣布：在任何时候、任何情况下，中国都不会首先使用核武器，并就如何防止核战争问题一再提出了建议。中国的这些主张已逐渐得到越来越多的国家和人民的赞同和支持。

鱼雷的发明

大海里有一种鱼，名叫剑鱼，游泳速度极快，而且性情凶猛，发现猎物时会以迅雷不及掩耳之势冲过去，即使是小船，如果躲避不及，也会被它那股强大的冲击力撞得"人仰马翻"……

"能不能发明一种武器，像剑鱼一样，向敌人的潜艇冲过去，把它炸毁呢？"出生在英国的工程师罗伯特·怀特海德从剑鱼的身上受到启发，想研制一种水上使用的新武器。

这时候，奥匈帝国的海军部也找到了他，希望他能发明一种推式小艇，小艇上装炸弹，冲到敌人的军舰跟前就能立即爆炸，把敌人的军舰炸沉。怀特海德欣然接受了任务，开始按照奥匈帝国海军部的思路进行研制。

1868年，他研制出一种水上自行推进的炸弹：长约4.6米，重约135千克，头部为尖圆形，里面装有炸药，中部呈圆柱形，装有发动机，尾部有水平舵和垂直舵。整个外形很像一条鱼，所以就给它起了个名字，叫"鱼雷"。鱼雷一旦发射，就能盯住目标快速游去，速度达到每分钟200米，像剑鱼那样发出巨大的冲击力，冲向敌艇，而后把敌艇炸毁。

怀特海德为自己成功制造出鱼雷而高兴，可是，一些海军武器专家看了以后，很不以为然地说：

"这算什么新武器？游得太慢了。"

"是啊，没什么大能耐，充其量是儿童玩具的新产品。"

吹毛求疵的专家们议论着，附和着。怀特海德听后，也感到很失望……

一晃几年过去了，不知不觉时间到了1877年的深秋。一天，以"英且巴哈"号为首的土耳其舰队在黑海游荡，寻找机会准备给俄国黑海舰队以致命打击。终于，一艘俄国军舰出现在他们的视野里，正当他们调整炮击距离，准备与俄国军舰决一死战的时候,突然发现一条青灰色的"鱼"向自己的军舰快速游来。

"瞧,这鱼还真不小呀,有四米多长吧。""英且巴哈"号前甲板上主炮的炮长得意地说,"好兆头,鱼都主动找上门来。"

"不!你们这些笨蛋!那不是鱼,肯定是俄国人制造的一种新武器。"舰队司令拿着望远镜的手颤抖起来,"快,快闪开!"

可是,一切都来不及了,舰队司令的话音刚落,"鱼"就撞上了"英且巴哈号"……

△ 鱼雷

鱼雷把"英且巴哈"号炸沉的消息公布后,专家们对怀特海德的发明才刮目相看,开始认真地研究起鱼雷来。从此以后,各种各样的鱼雷相继问世,像电动鱼雷、自导鱼雷等逐步走上了自己的"岗位",在海战中扮演着重要角色。

"门外汉"与机关枪的发明

上世纪下半叶,美国的一些贵族把玩枪当做一种时尚,经常举行射击比赛。以显示自己的身份和兴趣的高雅。

有一次,电气机械发明家马克沁也带上步枪参加了比赛,但玩枪他是个"外行",不仅成绩不理想,没有拿上什么名次,肩膀还被震得青一块紫一块,疼痛难忍,"唉,这种枪玩起来不是个滋味,该想想办法改进改进了。"

马克沁是一个想到就要做到的人。从此,他对武器产生了浓厚的兴趣,开始翻阅相关的资料,琢磨起机枪的制造来。

经过一段时间的努力,马克沁设计制造了一种自动化连发步枪,并向美国政府提出了专利申请。可是,美国专利局的老爷们看了马克沁的自动步枪后,不屑一顾地摇了摇头,笑话他是个"门外汉":"还是搞你的机械发明吧,对枪一窍不通的人搞枪械发明,不是异想天开吗?"

马克沁的确对枪是"门外汉",就是在电气机械的制造上也不是什么"科班出身"。他小时候家里很穷,只读到小学二年级,家里就拿不出供他上学的钱了,15岁就进了一家工厂当学徒工,是凭着自己一股强烈的求知欲结合实践,才在电气机械制造上有所建树的。

得不到美国专利局的认可,马克沁一气之下来到了英国伦敦,对自己设计的自动步枪进一步作了改进,使枪能完成开锁、退壳、送弹关闭等一系列的动作,实现了单管枪的自动连续射击。

1883年,马克沁设计制造的性能更加完善的新一代自动步枪问世了。

接着,马克沁决定对自己的步枪再进行改进,希望设计出一种射击速度更快、震动更小的自动步枪。于是,一种能把帆布弹带上的子弹推上膛的装

探秘科学发明发现

△ 马克沁和第一支全自动机关枪

置设计完成了，一个帆布弹能装250发子弹。可是，问题也很快暴露出来：快射一阵以后，枪膛里的温度特别高，连枪管都烤红了，不把温度降下来的话，这种机枪还是没有了市场。

勇于挑战自我的马克沁又开始了新一轮的研制。他把一些零件重新加工、组装，失败了就再试验，攻克了一个又一个难关……最后发明了世界上第一支机关枪：重40磅，每分钟连射600发子弹。

为了让更多的人接受他的"新产品"，他带着机关枪到各地表演，终于使许多武器专家对这种机关枪连续快速射击的性能有了一致的认可，也得到了一些国家的重视。至此，马克沁发明的机关枪在武器市场有了自己应有的位置。

鸟与直升机的发明

飞机能像小鸟一样起落自如吗？15世纪，大画家达·芬奇常常这样想，而且画出了这样的飞机——机翼能够上下扑动，螺旋桨快速地旋转……

可惜，他只是画画而已，并没有付诸行动。法国工程师保罗·科努才是第一个制造出直升机的人。

科努小时候就非常热爱科技发明，尤其对莱特兄弟的飞行器研究特别感兴趣，希望有一天也能够像他们那样设计出自己的"飞行器"，像鸟一样在蔚蓝的天空张开翅膀自由飞翔。长大以后，科努全身心地投入到了飞机的研制工作中，苦苦追寻着自己蔚蓝色的飞天梦。

△ 人类历史上的第一架直升机

探秘科学发明发现

他先设计出了飞机的两副旋翼,又在旋翼上安装了桨叶,再用钢管做成飞机的主构架,而后安装发动机、水箱、油箱等,直到1907年8月,他的直升机才制造好。当他望着自己的杰作长长地舒了一口气的时候,法国科学家布雷盖和李歇也研制出了一架直升机。

△ 西科斯基研制成功的VS-300直升机

科努看到自己的直升机还没有真正飞上蓝天,别人的飞机已研制出来,心里真不是滋味——多年的努力将前功尽弃。因为发明创造一旦落在了别人的后面,就没有什么价值可言了。

可是,1907年9月29日,布雷盖和李歇在法国杜埃市进行试飞表演时,这架直升机要四个人站在四只巨大的机翼下用长竿撑着,否则,飞机会翻倒。所以,人们并不承认这是世界上第一架直升机,因为这架飞机飞上天是在人的帮助下完成的。

科努终于有了一个新机遇。

他立即抓紧时间对自己设计的飞机重新改进,一个部件一个部件地加工、制作、安装、调试……直到一个多月后的1907年11月13日,他选择了一个晴朗的日子,像布雷盖和李歇那样进行了试飞表演。他坐在飞机里,亲自驾驶,随着隆隆的轰鸣声,飞机终于渐渐地离开了地面……

科努的飞机虽然只飞离地面0.3米,飞行时间也仅有20秒,但是,人类第一架直升机真正诞生了。

 潜水艇的发明

1775年,北美独立战争爆发。美国人民拿起武器,组成了"大陆军"。在总司令华盛顿(1732～1799)的指挥下,和英国殖民军展开了激烈的战斗,并在大陆上取得了决定性的胜利。

然而,不甘心失败的英军却发挥战舰的威力,在大西洋沿岸的海面上不断炮击"大陆军",造成他们严重伤亡。对此,美国"大陆军"无计可施——当时他们没有大船去面对面地与英军进行海战。

一个名叫戴维·布什内尔(1742～1826)的美国士兵,也整天在苦苦地思索着对付英舰的办法。

一天,布什内尔和几个伙伴坐在岸边的礁石上,看见一群小鱼在水中自由地游动。突然,一条大鱼游了过来,要吃掉这些小鱼。这时,小鱼突然窜起一团浪花,一下子不知潜到哪里去了……

"能不能造一个可潜入水底的船,钻到英舰底下放水雷,把它炸沉呢?"因为看到这个小鱼逃生的偶然事件,布什内尔得到了启发。大家也觉得这是一个好主意。但是,船怎么能像小鱼那样自由上浮和下沉呢?

布什内尔冥思苦想,终于从鱼上浮和下沉靠体内的"鳔"的原理,在1776年制成了第一艘最原始的潜水艇:当用手操纵水泵往类似鱼鳔的水舱里灌水的时候,船就下沉;当把空气压进水舱,排除水舱中的水的时候,船就上浮;船的外面还装有两台手摇螺旋桨,用来分别使船做上下或水平运动;用船上的操纵器,能从内部把装有钟表机构点火系统的水雷固定在敌船上。由于它外形像两个合起来的乌龟,所以被称为"海龟"。

就这样,潜水艇在鱼的偶然启示下诞生了。

一天傍晚,美国士兵就驾着"海龟"偷偷潜入水中,靠近英国军舰

"鹰"号。美国士兵想用钻杆在英舰底部钻个洞,再用水雷挂上去炸掉它。但是,英舰底部金属很厚,钻头钻不进去,于是只好返航。不幸的是,"海龟"速度很慢,在黑夜又辨不清方向,直到天亮仍在海上游荡。英军发现了,立即追击过来。在这千钧一发之际,美国士兵急中生智,解下水雷,点燃引线,自己连忙潜入水下逃走了。不一会儿,水雷爆炸,英军舰也吓得掉头逃跑了。

1893年,美国青年莱克和朋友们到海滩野餐,用喝完啤酒的空瓶进行"扔远比赛",受到空啤酒瓶不沉的启发,发明了耐压壳体和非耐压壳体构成的双壳体潜水艇。

不过,到了19世纪末,各国才开始建造近代的潜水艇。例如,美国在1898年建造的潜水艇在水面用内燃机驱动,在水下时用蓄电池供电的电动机驱动。20世纪初,潜水艇进入了实用阶段。

1910年,德国制造了比较先进的U−9型潜艇,它使1914年9月的北海战役中英国巡洋舰损失惨重。第一次世界大战后,各国基本上都仿制德国的潜艇。

为了克服潜艇需浮到水面充电的弱点,美国于1954年建造了"鹦鹉螺"号核动力潜艇。它长340英尺(1英尺合0.3048米),耗资5500美元。1955年5月,"鹦鹉螺"号在新伦敦—波多黎各—圣胡安之间潜水航行1602英里(1英里约合1.609千米),只用了84小时——创造了潜航速度、续航时间和航程的历史最高记录。海曼·里科弗在建造"鹦鹉螺"号过程中起到了关键作用,被任命为终身海军少将。

苏联也在1989年研制出几种型号的核潜艇。

1981年6月,美国最新一代的"俄亥俄"号三叉戟式核潜艇下水,成为世界上最大的核潜艇——长170米,排水量18750吨,可载24枚各有5个子弹头的潜地洲际弹道导弹,射程为9600千米。

核潜艇具有续航力高、航速快、火力强、可载机动核弹头和隐蔽攻击性好等优点,已经成为各国竞相研制的重要战略武器。

# 火箭的发明

火箭是以热气流高速向后喷出,利用产生的反作用力向前运动的喷气推进装置。通常火箭一词也包括导弹、航天器,甚至烟花焰火。

火箭是依靠火箭发动机喷射产生的反作用力推进的飞行器。它自身携带燃烧剂与氧化剂,不依赖空气中的氧助燃,既可在大气中,又可在外层空间飞行。现代火箭可用作快速远距离运送工具,如作为探空、发射人造卫星、载人飞船、空间站的运载工具,以及其他飞行器的助推器等。如用于投送作战用的战斗部(弹头),便构成火箭武器。其中可以制导的称为导弹,无制导的称为火箭弹。

火箭起源于中国,是中国古代的重大发明之一。中国古代火药的发明与使用,为火箭的发明创造了条件。北宋后期,民间流行的可升空的"流星"(后称"起火"),就利用了火药燃气的反作用力。到了明代初年,军用火箭已经相当完善并被用于战场,称为"军中利器"。明初时期的兵书《火龙神器阵法》和明代晚期的兵书《武备志》等有关文献,都详细记载了中国古代火箭的制作和使用情况,仅《武备志》就记载了20多种火药火箭,其中"火龙出水"火箭已是二级火箭的雏形。

中国古代火箭技术传到欧洲之后,经改进,火箭曾被列为军队的装备。早期的火箭射程近、落点散布大,以后被火炮代替。第一次世界大战后,随着科学技术的不断进步,火箭武器得到迅速发展,并在第二次世界大战中发挥了威力。

19世纪末20世纪初,液体火箭技术开始兴起。1903年,俄国的K·E·齐奥尔科夫斯基提出了制造大型液体火箭的设想和设计原理。1926年,美国的火箭专家、物理学家R·H·戈达德试飞了第一枚无控液体火

探秘科学发明发现

△ 火箭

箭。1944年，德国首次将有控的、用液体火箭发动机推进的V-2导弹用于战争。第二次世界大战以后，苏联和美国等相继研制出包括洲际弹道导弹在内的各种火箭武器。

中国于20世纪50年代开始研制新型火箭。1970年4月24日，用"长征"1号三级运载火箭成功地发射了第一颗人造地球卫星。

在发展现代火箭技术方面，中国的钱学森、美国的冯·布劳恩和苏联的S.P.科罗廖夫等都作出了杰出的贡献。

20世纪50年代以来，火箭技术得到了迅速发展和广泛应用，其中尤以各类可控火箭武器（导弹）和空间运载火箭发展最为迅速。运载火箭正向着高可靠性、低成本、多用途和多次使用的方向发展。可多次往返于太空和地球之间的航天飞机的问世就是这一发展趋势的体现。火箭技术的飞速发展，不仅可提供更加完善的各类导弹和推动相关科学的发展，还将使开发空间资源、建立空间产业、空间基地及星际航行等成为可能。

卫星的发明

研制人造地球卫星的思想由来已久。早在1687年牛顿就在《自然哲学的数学原理》中谈到有可能以极大的初速度抛出一颗不再落回地球的物体（人造地球卫星）。1946年9月在巴黎召开的第6届国际实用机械会议上，美国加州理工学院的马林纳和索末非宣读了《利用火箭远离地球的问题》，倡导发展用于研究外层空间的火箭。

在苏联，由于一批科学家和火箭专家包括科罗廖夫和吉洪拉沃夫在内的热情鼓动，人造卫星计划也得到赫鲁晓夫的支持。1956年1月30日苏联政府正式作出在1957～1958年内研制人造地球卫星的决定，2月开始制定卫星的技术要求。为了发射人造卫星和达到第一宇宙速度的要求，对P-7洲际导弹进行了改进，

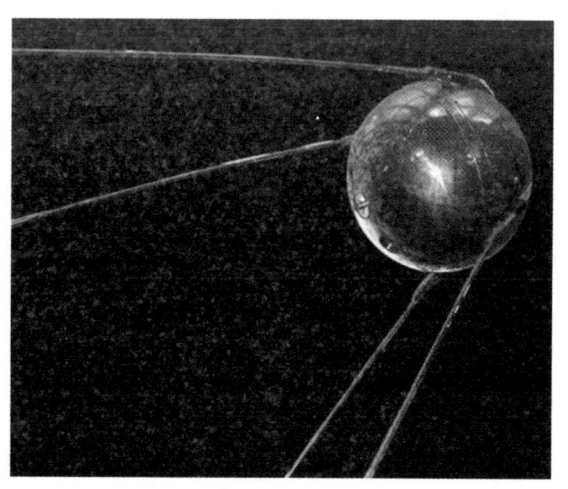

△ 世界上第一颗人造地球卫星"斯普特尼克"1号

主要是取消了武装部有效载荷。这枚运载火箭是以科罗廖夫主持设计和研制的，定名"卫星"号运载火箭。

苏美两国在发展人造卫星上展开了一场争夺战。1957年8月，P-7洲际导弹首次试验成功。与此同时，改装运载火箭的工作也在加紧进行。1957年10月4日晚，卫星号运载火箭携带世界上第一颗人造地球卫星"斯普特尼克"1号在拜科努尔发射场发射成功，人类从此步入太空时代。

探秘科学发明发现

自1957年苏联将世界第一颗人造卫星送入环地轨道以来,人类已经向浩瀚的宇宙中发射了大量的飞行器。据美国一个名为"关注科学家联盟"的组织近日公布的最新全世界卫星数据库显示,目前正在环绕地球飞行的各类卫星共有800多颗,而其中一半以上属于美国,它所拥有的卫星数量已经超过了其他所有国家拥有数量的总和,达413颗,军用卫星更是达到了1/4以上。

△ 我国第一颗人造地球卫星"东方红1号"

从1957年苏联成功地发射了第一颗人造卫星以来,人类已经拥有了许许多多的不同种类的人造卫星,如通信卫星用于电话、电报、电视、广播、数据传送等业务;气象卫星主要用于气象观测工作;地球资源卫星用于寻找地下矿藏、调查水文资料等方面工作;导航卫星主要用于交通导航服务;侦察卫星主要用于侦察敌情、探测火灾等方面工作。其他各种卫星,依据研究设计的不同,各有不同用途。

1970年4月24日,我国自行设计、制造的第一颗人造地球卫星"东方红"1号由"长征一号"运载火箭一次发射成功。该卫星直径约1米,重173千克,绕地球一周(运行周期)4分钟。卫星用20兆赫的频率,播送《东方红》乐曲。发射"东方红"1号卫星的运载火箭为"长征"一号三级运载火箭,火箭全长29.45米,直径2.25米,起飞重量81.6吨,发射推力112吨。"东方红"1号的发射,实现了毛泽东提出的"我们也要搞人造卫星"的号召。它是中国的科学之星,是中国工人阶级、解放军、知识分子共同为祖国作出的杰出贡献。

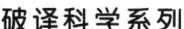

航天飞机的发明

△ 美国"奋进"号航天飞机

航天飞机是可以重复使用的、往返于地球表面和近地轨道之间运送人员和货物的飞行器。它在轨道上运行时，可在机载有效载荷和乘员的配合下完成多种任务。航天飞机通常设计成火箭推进的飞机，返回地面时能像滑翔飞机或飞机那样下滑和着陆。它由轨道器、固体燃料助推火箭和外储箱三大部分组成。固体燃料助推火箭共两枚，发射时它们与轨道器的三台主发动机同时点火，当航天飞机上升到50千米高空时，两枚助推火箭停止工作并与轨道器分离，回收后经过修理可重复使用20次。外储箱是个巨大壳体、内装供轨道器主发动机用的推进剂，在航天飞机进入地球轨道之前主发动机熄火，外储箱与轨道器分离，进入大气层烧毁，外储箱是航天飞机组件中唯一不能回收的部分。航天飞机的轨道器是载人的部分，有宽大的机舱，并根据航天任务的需要分成若干个"房间"。有一个大的货舱，可容纳大型设备。轨道器中可乘载3名职业航天员（如指令长或机长、驾驶员、任务专家等）和4名其他乘员（非职业航天员）。其舱内大气为氮氧混合气体。轨道器可重复使用100次。

1969年4月，美国宇航局提出建造一种可重复使用的航天运载工具的计划。1972年1月,美国正式把研制航天飞机空间运输系统列入计划,确定了航天飞机的设计方案,即由可回收重复使用的固体火箭助推器,不回收的两个外挂燃料储箱和可多次使用的轨道器三个部分组成。经过5年时间,1977年2月研制出一架创业号航天飞机轨道器,由波音747飞机驮着进行了机载试验。1977年6月18日,首次由载人用飞机背上天空试飞,参加试飞的是宇航员海斯和富勒顿两人。8月12日,在载人飞机上飞行试验圆满完成。又经过4年,第一架载人航天飞机终于出现在太空舞台,这是航天技术发展史上的又一个里程碑。

  1981年4月12日,在卡纳维拉尔角肯尼迪航天中心聚集着上百万人,参观第一架航天飞机"哥伦比亚号"发射。宇航员约翰·杨和克里平揭开了航天史上新的一页。这架航天飞机总长约56米,翼展约24米,起飞重量约2040吨,起飞总推力达2800吨,最大有效载荷29.5吨。它的核心部分轨道器长37.2米,大体上与一架DC-9客机的大小相仿。每次飞行最多可载8名宇航员,飞行时间7~30天,轨道器可重复使用100次。航天飞机集火箭,卫星和飞机的技术特点于一身,能像火箭那样垂直发射进入空间轨道,又能像卫星那样在太空轨道飞行,还能像飞机那样再进入大气层滑翔着陆,是一种新型的多功能航天飞行器。

  目前,航天飞机是世界上唯一的可重复使用的航天运载器。20世纪70~80年代,美国、苏联、法国和日本等国相继开始研制航天飞机,但由于技术和资金等原因,到目前只有美国研制的航天飞机投入使用。航天飞机用途广泛,可进行空间交汇、对接、停靠、空间科学实验、发射回收或检修卫星。

  航天飞机所有的使命即将结束,美国宣布将在2010前将其所有的航天飞机退役。仍在研制中的航天飞机的下一代将是空天飞机,它将不再使用液氧或液氢作为燃料,不再像航天飞机一样使用火箭垂直起飞,而是像普通飞机一样从跑道上水平起飞,它以液氟做燃料,能自由出入大气层。

福克战斗机的发明

我们都知道，现代化的战斗机不仅能向地面投掷威力巨大的原子弹，还能向千里之外发射远程导弹。可是，在第一次世界大战初期，飞机虽然也参加了战斗，但能完成的任务只是空中侦察或校正炮兵射击的位置！

那时候，交战双方的飞机在空中相遇时，飞行员只是在空中怒瞪双目，或挥拳示威。后来，有的飞行员觉得仅仅这样还不解恨，就在飞机的尾部装上一条带着重锤的钢索，当敌人的飞机飞近时，就把钢索扔向对方飞机的螺旋桨，缠住旋转的螺旋桨，使飞机无法飞行；或者在飞机的下部安上一个系着钢索的"抓钩"，抓钩上还系着雷管，当敌人的飞机飞近时就突然抛出抓钩钩住敌人的飞机，然后让雷管爆炸来炸毁敌人的飞机，甚至还向敌人的飞机投掷石头之类的东西……

△ 安东尼.福克

那么，是谁发明了真正意义上的战斗机呢？是发明家福克。

1915年2月的一天，德国与法国进行了一次空战，想不到法国飞机突然从螺旋桨里喷出了一串子弹。这让德国飞机专家大为惊讶：难道法国发明了新的战斗机？可是，从螺旋桨里喷出来的子弹并没有什么太大威力。后来，一架法国飞机因燃料耗尽，落在了德国的阵地上，成了德军的"战利品"。德国的飞机制造专家福克立即对这架飞机进行了科学研究。

福克是一位优秀的发明家，他对这架飞机产生了极大的兴趣。在对飞

探秘科学发明发现

△ 福克战斗机

机各个部件进行了深入的研究后发现，法国的飞机虽然能从螺旋桨里射出子弹，可是这种射击方式很不安全，射在螺旋桨叶片上的子弹会反弹回来，把飞行员或飞机打伤。

"能不能发明一种更安全、更科学的战斗机呢？"福克看着飞机，陷入了沉思……

经过一番精确的计算，福克发明了一种能与螺旋桨同步的射击装置。当螺旋桨和机枪处于一条直线时，机枪就自动停止射击，子弹便不会打在螺旋桨的叶片上。这样，大大地提高了射击的安全性和科学性，也提高了命中率。于是，真正的战斗机在福克的手里诞生了。

据统计，在第一次世界大战中，协约国被德国击落8400架战斗机，其中80%是被福克战斗机击落的，福克战斗机显示了巨大的威力。

"陆地巡洋舰"与坦克的出现

第一次世界大战初期，人们在防御时已经学会在前沿阵地构筑大量的碉堡和堑壕了，这给进攻造成了重大的伤亡。这让军事专家非常头疼：能不能制造出一种既能攻击又有防守能力的武器呢？

有一天，英国的一位将军向政府建议，在履带式拖拉机上裹上钢铁外衣，再装上枪炮，这不就能攻能防吗？这一建议得到了当时的海军大臣丘吉尔的重视。1915年，丘吉尔下令海军部秘密研制这种新式武器。

海军的专家们认为，海里的巡洋舰是最有威力的，要研制的新式武器就应该像巡洋舰一样。于是，这种新式武器就叫"陆地巡洋舰"。同时，也按照巡洋舰的样子设计出了图纸：全长30米，宽24米，高约12米，自身重量达到了1万多吨，用来防御的钢板厚度达到8厘米；为了进攻，又安装了2门大炮、12挺机枪，可以装300发炮弹、6万发普通子弹……

"从防和攻这两方面看，这两种性能都有。怎么样，我们可以按照图纸进行制造了吧？"设计总工程师向海军制造局的局长作了汇报。

"我的工程师呀，你想想看，这家伙有4层楼那么高，5条鲸鱼那么重，在陆地上作战目标不大吗？使用方便吗？"制造局长摇了摇头，"一定要从实战出发，设计要再精、再小。"

海军制造局否定了工程师的设计。专家们几个月的辛苦劳动一下子付诸东流了。

不久，这批工程师又拿出了一套新方案，将陆地巡洋舰设计成一个斜方形铁盒子，长8米多，宽4米多，高3米多，但是防御用的钢板厚度并没有减少，一般都在5～10厘米；为了加强进攻力量，火炮没有少，只是机枪变成了4挺。这一设计方案很快获得通过。

探秘科学发明发现

△ "大水箱"——马克Ⅰ型坦克

1916年1月30日,这种新式武器在林肯城的一家机械制造厂问世了。

可是,这种新武器叫什么名字呢?要是用"陆地巡洋舰"这一名称,容易暴露它的用途和特征,敌人很快就会从海上巡洋舰获得相关的资料并制造出来。最后,负责制造这种武器的总工程师提出了三个名字供大家选择:储水池、储藏器、水箱。经过商议,大家同意用水箱这个名字(坦克的外形也像水箱)。在英语中,"坦克(tank)"就是"水箱"的意思。

1916年9月,英法联军与德军在法国的松姆河地区打得难解难分,德军凭借碉堡和有利地形始终坚守着阵地。15日,英法联军派出了新制造的坦克参战,德军从来没看过这种黑色"怪物"——子弹打不进去,而且两边还射出炮弹——纷纷溃败下来。这样,英法联军两个小时就突破了德军防线。

坦克从此一举成名!

达尔文创立进化论

查理·达尔文（1809~1882），19世纪英国杰出的生物学家，物种起源和发展学说的创始者、生物进化论的奠基人。他提出的以生存竞争、适者生存为精髓的进化论，对学术界甚至整个人类的思想都产生了巨大的影响。

达尔文出生在英格兰西部希鲁普郡一个世代行医的家庭。他的父亲瓦尔宁曾把他送到爱丁堡大学学医，希望他将来也能成为名医，继承家业。但达尔文从小就热爱大自然，尤其喜欢打猎、采集矿物和动植物标本。进入医学院后，他仍然经常到野外采集动植物标本。在这里，他对两种水生生物进行了研究，获得了一些有趣的发现。于是，他在该校的学术团体——普林尼学会先后宣读了他最早的两篇论文，那时他才17岁。他父亲认为他"游手好闲"、"不务正业"，一怒之下，于1828年改送他到剑桥大学，改学神学，希望他将来成为一个"尊贵的牧师"。达尔文对神学院的神创论等谬说十分厌烦，他仍然把大部分时间用在听自然科学讲座、自学大量的自然科学书籍上。他热心于收集甲虫等动植物标本，对神秘的大自然充满了浓厚的兴趣。

1831年，年轻的达尔文经汉斯罗教授的推荐，以自然科学家的身份，参加了"贝格尔号"巡洋舰历时5年的环球考察。这5年考察，用达尔文自己的话来说，决定了他一生的事业。在这5年中，他跋山涉水，进入深山密林。大自然的奇花异草、珍禽异兽，千奇百怪的变异，把他的整个身心吸引去了。他开始对《圣经》上"形形色色的生物，都是上帝创造出来，而且物种是不变的"说教，产生了怀疑。通过对采集到的各种动物标本和化石进行比较和分析，他认识到物种是可变的。由此，他逐步摆脱神创论的束缚，坚定地走上了相信科学和追求真理的道路。最后，他终于以"物种逐渐变化"的大胆假设，摒弃了物种不变的说教。

回国后，达尔文开始对物种起源问题进行全面详细的研究。他整理航行收获，收集了大量科学事实，研究前人著作，参加社会生产实践，总结本国和别国劳动人民培育新品种的经验。为了避免偏见和替自己的理论找到更多的根据，当时他专心到甚至连自己的婚事都忘了。他不但细致地整理了在大自然中可收集到的各种变异事实，还广泛收集了动物在家养条件下的各种变异事实，并查阅了大量书籍和资料。经过22年如一日的坚持不懈的专心思考、综合研究，达尔文终于在1859年11月24日出版了《物种起源》这部巨著，创立了进化论。他认为，生物界是从简单到复杂，从低级到高级逐渐变化的。达尔文的进化论，是射向"上帝"创造万物学说的炮弹，它第一次把生物放在完全科学的基础上进行研究。马克思说，这本书实际上也为历史上的阶级斗争提供了"自然科学根据"。

达尔文是一位不畏劳苦、沿着陡峭山路攀登的人。在《物种起源》发表以后的20年里，他始终没有中断过科学工作。1876年，他写成的《植物界异花受精和自花受精的效果》一书，就是经过长期大量实验的成果。书中提出的异花受精是个对农业生产有益的结论，已在农业育种中广泛应用。到了晚年，达尔文心脏病严重，但他仍坚持科学工作。就在去世前两天，他还带着重病去记录实验情况。达尔文是一位杰出的科学家，他划时代的贡献为人类科学事业的发展开辟了新的广阔前景。因此，1882年4月19日他逝世时，人们为了表达对他的敬仰，把他安葬在另一位科学界的伟大人物牛顿的墓旁，享受着一个自然科学家的最高荣誉。达尔文找到了生物发展的规律，证明所有的物种都有共同的祖先。这一重大发现，对生物学具有划时代的意义，在科学上完成了一个伟大的革命。它结束了生物学领域中唯心主义、形而上学的统治时期，对近代生物科学产生了巨大而深远的影响。恩格斯称达尔文的进化论为19世纪自然科学的三大发现之一。

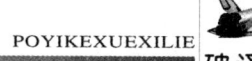

放射性元素的发现

"如果能追随理想而生活,本着自由的精神、勇往直前的毅力、诚实不自欺的思想而行,则定能臻于至美至善的境地。"这是一位伟大的科学家的至理名言,这也是她一生的真实写照。她把自己的一生都奉献给了科学研究,她通过不懈努力,先后发现了钋和镭两种放射性元素,成为了世界上唯一的一位一生获得两次诺贝尔奖的科学家。她就是伟大的物理学家、化学家玛丽·居里。

居里夫人在1867年出生于被沙俄占领的波兰的一个教师家庭。她从小饱受民族压迫的痛苦,尝到了受到社

△ 居里夫人

会冷遇的酸楚,但是这些经历激发了她强烈的爱国热情。由于国别的原因,居里夫人根本没有机会踏入俄罗斯或波兰的大学大门。于是她当了几年的家庭教师,后来离开华沙移居巴黎,到巴黎大学求学。最后居里夫人取得物理及数学两个硕士学位,并成为了母校的一位讲师。

1894年,她结识了皮埃尔·居里,他们因具有共同的志愿而结为伉俪。尽管他们生活得清贫,但是他们在科学的海洋中遨游,通过学习研究获得了精神上的满足。居里夫妇一起致力于放射性物质的研究。1898年,他们发现沥青铀矿石中含有一种放射性远远大于铀的新物质。此后他们坚持不懈,对

探秘科学发明发现

沥青铀矿石中的放射物质进行提炼，最终他们从中成功地分离出了氯化镭并发现了钋和镭两种新的化学元素。因此居里夫妇共同获得了1903年的诺贝尔物理学奖。随后的8年里，居里夫人并没有为鲜花与掌声痴迷，而是继续研究，她又成功地分离出了镭元素。为此她又获得了诺贝尔化学奖。

居里夫人为了纪念祖国波兰，将自己发现的第一种放射性物质命名为钋；当她提炼出纯净镭后，并没有将其方法申请专利，而是将之公布于众，这极大地推动了放射化学的发展。1910年，在丈夫去世后的第4年，

△ 约里奥·居里夫妇

居里夫人的历史性巨著《放射性专论》终于完成，从此放射化学作为一门新的学科诞生了。

由于过度接触放射性物质，居里夫人于1934年7月4日在法国上萨瓦省逝世。此后，她的女儿和女婿约里奥·居里夫妇因发现人工放射性物质而双双荣获1935年诺贝尔化学奖。居里一家两代四口人，三度荣膺诺贝尔科学奖，在人类科学史上谱写下了光辉的篇章。

互联网的出现

互联网，英语全称为Internet。它的出现，改变了人类的生产和生活方式，给世界带来了划时代的变化。如果说，19世纪是铁路时代，20世纪是高速公路时代，那么21世纪将是宽频网络时代。

20世纪60年代末，世界政坛美苏争霸，处于冷战时期。为了使计算机网络在受到袭击部分摧毁的条件下，其余部分仍能保持通信联系，美国军方便由美国国防部的高级研究计划局（ARPA）建设了一个名叫"阿帕网"（ARPAnet）的军用网。它于1969年正式起用，起初仅仅连接了4台计算机，供科学家们进行计算机联网实验用。这就是互联网的前身。到20世纪70年代，ARPAnet已经发展到拥有几十个计算机网络，但是每个网络只能在网络内部的计算机之间互联通信，不同计算机网络之间仍然不能互通。为此，ARPA又设立了新的研究项目，支持学术界和工业界进行有关的研究。研究的主要内容就是想用一种新的方法将不同的计算机局域网互联，形成"互联网"。研究人员称之为"internet work"，简称"Internet"。这个名词就一直沿用到现在。

在研究实现互联的过程中，计算机软件起了主要的作用。1974年，出现了连接分组网络的协议，其中就包括了TCP/IP——著名的网际互联协议IP和传输控制协议TCP。这两个协议相互配合，其中，IP是基本的通信协议，TCP是帮助IP实现可靠传输的协议。TCP/IP有一个非常重要的特点，就是开放性，即TCP/IP的规范和Internet的技术都是公开的。目的就是使任何厂家生产的计算机都能相互通信，使Internet成为一个开放的系统。这正是后来Internet得到飞速发展的重要原因。

ARPA在1982年接受了TCP/IP，选定Internet为主要的计算机通信系统，

△ 互联网

并把其他的军用计算机网络都转换到TCP/IP。1983年，ARPAnet分成两部分：一部分军用，称为MILnet；另一部分仍称ARPAnet，供民用。

1986年，美国国家科学基金组织（NSF）将分布在美国各地的5个为科研教育服务的超级计算机中心互联，并支持地区网络，形成NSFnet。1988年，NSFnet替代ARPAnet成为Internet的主干网。NSFnet主干网利用了在ARPAnet中已证明是非常成功的TCP/IP技术，准许各大学、政府或私人科研机构的网络加入。1989年，ARPAnet解散，Internet从军用转向民用。Internet的发展引起了商家的极大兴趣。1992年，美国IBM、MCI、MERIT三家公司联合组建了一个高级网络服务公司（ANS），建立了一个新的网络，叫做ANSnet，成为Internet的另一个主干网。它与NSFnet不同，NSFnet是由国家出资建立的，而ANSnet则是ANS公司所有，从而使Internet开始走向商业化。

1995年4月30日，NSFnet正式宣布停止运作。而此时Internet的骨干网已经覆盖了全球91个国家，主机已超过400万台。在之后的几年内，因特网更以惊人的速度向前发展，很快就达到了今天的规模。

相对论的建立

"在天才和勤奋两者之间,我毫不迟疑地选择勤奋,它是几乎世界上一切成就的催产婆。"阿尔伯特·爱因斯坦小时候是被公认的笨家伙。儿时,当同龄小孩已经学会说话的时候,爱因斯坦仍然不会,他直到3岁时才牙牙学语。平时他反应迟钝,做事拖沓,他的父母本对他寄予希望,但很快便心灰意冷,甚至担心他是否智商有问题。上学后,在一次工艺课上,爱因斯坦所做的凳子最差,连老师都认为世界上没有比那更糟糕的凳

△ 爱因斯坦

子了。然而,面红耳赤的爱因斯坦从桌子里拿出两个比那更差的凳子,他告诉老师这两个是他以前做的,而通过他的努力,他做的那个凳子比以前强多了。这时老师被爱因斯坦的举动所感动,一时说不出话来。爱因斯坦凭借勤奋向上的精神,先后毕业于慕尼黑的卢伊特波尔德中学和苏黎世综合工业大学。

1895年爱因斯坦早在苏黎世读书时,就已经对光速和相对性原理产生了兴趣,并做了相关的研究。毕业后,他经朋友的介绍到瑞士专利局当了技术员。工作之余,他将自己所有的时间都用来研究物理课题。功夫不负有心人,爱因斯坦经过不懈的努力,于1905年获得了重要突破,他相继提出了光量子论、创立狭义相对论以及测定布朗运动的方案。同时他还在德国《物理

学年鉴》上发表了狭义相对论的30页论文《论动体的电动力学》。同年他还发表了《物体的惯性同它所包含的能量有关吗》，这对相对论作了重要补充。爱因斯坦根据"以太"探测实验，提出光的传播速度并不依赖于光源本身运动的速度，不管光源是静止还是高速运动，光的速度始终是30万公里/秒。经过深思熟虑，爱因斯坦提出建立狭义相对论的两条基本原理。即

一、相对性原理：物理学定律在所有惯性系中的描述形式是相同的，即所有的惯性系是等价的，不存在特殊的惯性系。

二、光速不变原理：在所有惯性系内，真空中的光速具有相同的定值。

爱因斯坦的后半生将精力投身于"统一场论"的研究工作，他一直努力将引力理论和电磁理论统一起来，可惜的是他最后以失败告终。更让人遗憾的是从1925年起，爱因斯坦反对量子力学，成为了科学前进的阻力。但这并不影响作为20世纪科学巨人的爱因斯坦的光辉。爱因斯坦相对论的提出，对现代物理学和现代哲学产生了深远的影响，作出了巨大贡献。除此之外，爱因斯坦还对世界和平和人类进步事业作出了突出的贡献。爱因斯坦之所以受到世界人民世世代代的尊敬，不仅因为他物理学上的巨大贡献，更是由于他品德高尚。他认为人只有献身于社会，才能找出那实际上是短暂而有用的生命的意义。正是在爱因斯坦的极力劝说下，美国才开始研制"曼哈顿工程"，先于纳粹德国研制出了第一颗原子弹。当爱因斯坦功成名就后，他一直认为自己受到了人们过分的赞扬和尊敬，直到生命的最后一刻，他还在为两件事情操心：公民自由和世界和平。

多马克发明百浪多息

1947年,德国生物学家多马克(1895~1964)才获得迟到了8年的诺贝尔生理学和医学奖。这是为什么呢?

原来,诺贝尔奖评委会在1939年就宣布多马克为获奖者,但是由于希特勒(1889~1945)的阻挠和盖世太保的威胁,他当时被迫拒绝受奖。

多马克得奖的原因是,发现了"百浪多息"的抗菌作用。而这一发现,则与几次偶然事件相关。

△ 多马克

1932年的一天,多马克在实验室里偶然发现了一瓶橘红色的化合物,就好奇地问同事:"这是什么?"同事告诉他,这是实验室合成的一种染料,叫"2,4-二氨基偶氮苯";在20世纪初,人们就发现这类染料有一定的抗菌作用。在这一启发下,他联想到一些化学家设想在这种染料中加入磺胺基,就可以改进它对毛料的染色坚牢度及提高它对细菌细胞的结合能力这一情况,于是和他人一起,合成了"4-磺酰胺基-2,4-二氨基偶氮苯"——百浪多息。为了证实百浪多息的杀菌力,他分别将它滴入装有葡萄球菌、大肠杆菌和链球菌等的试管中试验,但是,却得到不能杀死其中任何细菌的结论。

百浪多息真的没有任何医疗价值吗?多马克望着它,呆呆地冥思苦想。"染料可以作为治疗疾病的基础。"突然,他想起药物"606"的发明者、德国免疫学家欧立希(1854~1915)的这句话。这鼓励了他的士气,决定用动物来再次做细菌试验。

多马克拿起针筒，给两只被链球菌感染的小白鼠注射了百浪多息。第二天一看，两只小白鼠活蹦乱跳——百浪多息对老鼠链球菌感染确实有疗效。

但是，多马克知道，如果仅仅限于人体外试验，百浪多息的抗菌作用是发现不了的。那么，它对人体有没有效应呢？然而，人命关天——他不敢贸然用人做试验。

可是，1933年一次偶然事件，使多马克不得不冒这个险一天，他的小女儿爱莉莎的手被针刺后感染，面临生命危险。在各种方法和药物都没有效果之后，他冒险用百浪多息一试，结果女儿转危为安。

这时，大洋彼岸的美国发生了一个偶然事件，更是把这一消息传遍全世界。原来，美国总统罗斯福（1882~1945）的一个儿子，因为细菌感染发高烧卧床不起。医生判断为血液中毒症，并建议注射来自英国的新药百浪多息。罗斯福夫妇听从了医生的意见，果然小罗斯福转危为安，不久就出院了。这一消息当然立即就不胫而走。从此，百浪多息名声大振，誉满全球。

百浪多息成了"灵药"之后，引起了更多科学家的研究。结果发现只有它的分子中的"氨苯磺胺"这一部分，才是有效因素。由此，一个生产和应用磺胺类药的时代开始了——几百种形形色色的磺胺类药源源不断地陆续生产出来。这样，许多当时认为是可怕的疾病——特别是肺炎类疾病，一下子变得并非"无药可治"了。

1939年9月1日，第二次世界大战全面爆发，磺胺类药就成为救治千百万伤员病菌感染的主角——直到青霉素被批量生产出来。

沙眼病毒的发现

沙眼是一种古老的疾病，曾在世界各地广泛流行，给患者带来极大的痛苦，不少人因之失明。

那么，沙眼是如何引起的，又如何防治呢？这是科学家和医生们都关心和研究的一个课题。探索这些问题，人们走过了艰难曲折的道路。

最初，一些科学家把凡是沙眼内找得到的细菌——例如葡萄球菌、淋球菌和肺炎球菌等30多种细菌，都认为是沙眼的病原菌。这就是沙眼的"细菌（病原）说"。

然而，把这30多种细菌接种于人或猴的眼结膜内，都不能引起沙眼；而在能引起沙眼的沙眼组织的滤液中，却怎么也培养不出任何一种细菌。这样，轰动一时的细菌说就被否定了。

其后，又有一些科学家提出颇有影响的"立克次体说"——认为立克次体就是沙眼病原。然而，后来许多科学家的研究证明，立克次体不是沙眼病原，而是因为立克次体与沙眼病毒在形态上或染色体上比较相近而造成的误会。

上述两种学说被否定之后，捷克科学家在1907年提出了病毒学说——沙眼是由病毒引起的。这种学说虽然被科学家们接受，但是"沙眼之谜"依然没有完全揭开——例如，这种病毒是什么，如何把它分离出来？

由于不能分离出这种病毒，所以这种学说就只能停留在假说阶段；而且，由于得不到病毒株，人们对沙眼的传染、诊治、预防和免疫等方面的研究也就成了"无米之炊"。因此，尽快把沙眼病毒分离出来，就成为全世界沙眼病研究者的共同愿望。

然而，近半个世纪过去了，世界各国科学家们艰辛的劳动却收效甚微——例如，沙眼病毒依然"芳踪难觅"，更不用说其他研究了。

历史选择了中国最早的微生物学教授汤飞凡（1897～1958）等中国科学家。汤飞凡虽然担任着中国卫生部生物制品研究所所长等许多行政职务，工作十分繁忙，但仍一直惦记着沙眼病毒的研究。1954年初，他得到北京同仁医院眼科专家张晓楼的热心合作，亲自领导、主持和参加了这项研究。

△ 汤飞凡

分离沙眼病毒的困难究竟在哪里呢，为什么这么多科学家用了那么多的时间和劳动都没有成功？为什么和沙眼病原体同类的鹦鹉热病原体，早在1930年就用小白鼠和鸡胚这样的分离技术就很容易分离出来呢？对这些问题，汤飞凡长期以来常常魂牵梦绕。

20世纪50年代的一天，汤飞凡偶然产生了一个新的疑问："毛病会不会出在青霉素和链霉素（以下简称'二素'）上面？"因为在把沙眼病人的结膜材料接种到鸡胚上的时候，总要加"二素"——这是研究工作的常规。这个长期以来没有引起人们怀疑的常规，此时却引起了汤飞凡的"特别怀疑"。"这个常规是根据什么提出来的呢？"他想，"是根据分离病毒的经验制定的。"自从病毒被一种又一种分离出来以后，大家都知道它们对所有抗生素都不敏感。所以，为了控制病人眼结膜里夹杂的细菌污染，都用青霉素来抑制革兰氏阳性细菌等生长，用链霉素来抑制革兰氏阴性细菌等生长——"二素"加在一起，就能抑制各种细菌生长。

汤飞凡进一步设想，沙眼病毒是不是同以往分离到的病毒一样呢？既然其他病毒在光学显微镜下都看不见，而沙眼病毒在光学显微镜下却可以看见，那么沙眼病毒在对"二素"的敏感性上，是不是与其他病毒也有所不同呢？如果沙眼病毒对"二素"有敏感性，那么人们在接种的时候加的大量青霉素就可能把它杀死了——那又怎么能分离得出来呢？

于是，汤飞凡连忙找张晓楼教授了解临床上"二素"治疗沙眼的效果，随着又赶紧查阅各种中外文资料，了解国内外临床上应用"二素"治疗沙眼的情况，结果，他们从中得到一个深刻的印象：链霉素治沙眼基本无效，说明它对沙眼病毒没有威胁——还可继续使用；而青霉素治沙眼的疗效则说法不一——但一本叫《人的病毒病》的英文书却比较肯定青霉素可控制沙眼症状的发展。这样，他们就把注意力集中到青霉素上，将它的用量果断地减少到原来的1/5——结果从1955年7月起到1956年6月12日止，就8次分离出了沙眼病毒IE8（I代表沙眼，E代表鸡卵，8是第8次分离试验）。

只用一种方法分离成功，还不能作为最终依据。于是，汤飞凡等又做了一次完全不用青霉素而用链霉素，而且用量增加一倍的分离，也在1956年7月取得成功，8月初又分离成功。两年之后，英国等许多国家也纷纷报道用这种分离法取得了IE8。汤飞凡是世界上发现重要病原体（IE8）的第一个人，也是到20世纪80年代为止唯一一个发现IE8的中国人。1956～1957年，汤飞凡与张晓楼合作发表了他们包括上述成果在内的对IE8的一系列研究成果——包括《沙眼包涵体的研究》在内的几篇重要论文。1957年6月——第一株沙眼病毒IE8被分离出来的将近两年以后，汤飞凡在外文版《中华医学杂志》上用英文发表了论文。"如果科学研究需要用人做试验，科学研究人员就要首先从自己做起。"这是汤飞凡的原则和格言——他以前也是这么做的。例如，早在1930～1935年，他就同周城浒合作，把日本微生物学家野口英世（1876～1928）认为是沙眼致病菌的"颗粒杆菌"即"沙眼杆菌"，注入自己的眼内试验。结果证明它并不致病，从而推翻了沙眼的细菌说。这次，为了使IE8在人眼内得到验证，汤飞凡又"故伎重演"——1958年1月2日，他让张晓楼把分离出的IE8注入他的眼内试验。结果，呈现出沙眼病患者的典型症状——IE8的确是引起沙眼的唯一"元凶"。

从此，半个世纪以来笼罩着沙眼病毒的迷雾疑云终于被驱散了。

1958年，汤飞凡发表了《关于沙眼病毒形态学，分离培养和生物学性质的研究》等论文，为沙眼病原的研究揭开了新的历史性的一页。

IE8分离成功的消息传遍了全世界，许多著名生物学家对汤飞凡这一填补微生物学空白的成就表示祝贺和赞赏——被称为"汤氏病毒"的名词代替了沙眼病毒，他的成果被大量引用，有的还编入教材，有人把它称为"1958年医学十大成果之一"，写入年鉴，载入史册。1981年5月11日，国际沙眼防治组织在巴黎举行了隆重的仪式，授予汤飞凡和张晓楼金质奖章。

必须说明的是，发现IE8等成果，是卫生部生物制品研究所的科学家们集体劳动和兄弟单位协作的结晶。例如，1955年8月10日同仁医院送来了鸡胚卵黄膜标本中，在8月18日用显微镜看到"好多好多"沙眼病毒的，是李一飞。所以，中国在1982年为汤飞凡、张晓楼、黄元桐和王克乾等研究组成员，颁发了国家自然科学二等奖。

汤飞凡早年曾留学美国哈佛大学，学成后放弃优越条件毅然归国——为的是培养更多的微生物研究人才。英国科学家兼科学史家李约瑟（1901～1995）博士曾表示："我荣幸地结识了你们国家这样一位杰出的科学公仆……他是绝不会被忘记的。"

汤飞凡这位中国微生物学的奠基者和国际著名的微生物学家以其崇高的科学美德和科学的献身精神，连同他的诸多成就将被人们永远铭记。他的科研方法，启迪着我们在科学道路上继往开来。

在发明电话的美国科学家贝尔（1847～1922）的塑像下，有句关于机遇发现的名言："有时需要离开常走的大道，潜入森林，你就肯定会发现前所未有的东西。"这也是汤飞凡由"偶然产生的疑问"出发，作出重大贡献所用的科研方法的最好注释。而这个"偶然产生的疑问"，则凝聚了他30多年的汗水和用身体做试验的风险——正所谓"血汗浇来春意浓"。

 摩托的发明

1834年,德国威登堡有一个名叫戴姆拉的人。在孩童时代,他就对机器机械十分感兴趣。在他看来,机器里蕴藏着许多奥秘。

戴姆拉10岁时,由于家境贫寒,就离开了学校,到一家机床厂去干活。在工厂里他虽然只是干些粗脏的话,但他感到很快乐,因为他有更多的机会接触机器了。

在工作中,戴姆拉深感自己的文化水平太低,萌生了到学校学习基础知识的念头。由于没有钱,他只能看着别人去学习。23岁那年,他终于如愿以偿地考入了斯图加特工业学校。在学校里,他如饥似渴地学习课内外的文化知识。这为他后来走上发明之路打下了良好的基础。

戴姆拉毕业后,便在一家机械制造公司找到了一份工作,可他并不满足于工厂里那简单重复的劳动。戴姆拉认为:人生最大的快乐在于发明创造。他立志要在机械发展史上写下精彩的一笔……

无论是在工作上,还是在生活中,戴姆拉时时都作有心人。一次,他注意到一个现象:当时街上行驶的汽车都是采用瓦特发明的蒸汽机,以煤炭为燃料。这种汽车行驶时不仅烟雾弥漫,而且速度缓慢。戴姆拉就琢磨了起来:要是能改变一下汽车的动力装置,那就太有意义了。

一天,他听人说,在他有这个想法之前,早就有一位名叫奥托的人开始这方面的研究,并研制出了压缩式内燃机。戴姆拉听后,非常高兴,立刻向人家打听奥托的住址。

得到奥托家的住址后,戴姆拉便直奔而去。

见到奥托后,戴姆拉一股脑儿将自己的情况以及设想详细地告诉奥托。两个抱负相同的年轻人,相见恨晚,谈得十分投入。奥托说:"你到我这来

探秘科学发明发现

△ 世界第一台摩托机

吧,担任德意志煤气内燃机制造厂的技术指导。"

戴姆拉十分高兴,欣然接受了邀请。两个年轻人的手紧紧地握在一起。

1876年,奥托研制出了四冲程内燃机。在当时,它可"出尽了风头"。然而,戴姆拉心里明白,这种内燃机还无法在实际中应用,因为它的效率很低。

为了集中精力研制内燃机,1882年,戴姆拉离开了德意志煤气内燃机制造厂,自己组织了一个专门研究内燃机的机构。

1883年,戴姆拉发明了一种热管点火式汽油内燃机。同年12月16日,这种内燃机获得了专利。

在这基础上,戴姆拉于1885年制成了直立式汽油内燃机。这种内燃机体积小、重量轻,每分钟大约600转,输出功率0.5马力。戴姆拉的儿子鲍尔·戴姆拉是一位自行车骑手。他有一辆心爱的木制自行车。一天,他看到父亲研制出的体积小、效率高的内燃机,便向父亲建议道:

"爸爸,您那'宝贝'可以装到我的车上吗?"

戴姆拉看看儿子的自行车,说:"行呀,我看完全可以。"

于是,戴姆拉就将直立式汽油内燃机装在自行车上,并装上两档变速器。就这样,世界上第一辆摩托车诞生了。当时它并不叫摩托车,而是叫"机器脚踏车"。

 绿色邮件的出现

电子函件系统是通过计算机网络来传递函件的一种信息服务系统。

早在20世纪70年代末,出现了将数据处理技术和通信技术融为一体的趋势。它的推动力来自一些计算机用户,他们为了更快更方便地进行数据处理,开发出一种称为"链接工具"的技术,目的是让计算机系统的两个用户终端处于连锁状态,使双方用户能彼此看到对方输入的信息。这种工具,曾为用户提供交换短消息、实现某些网络管理功能等服务。有些计算机系统用户,还开发出"邮箱工具",使用户能以联机的形式,把短消息发送给同一系统的其他用户,或发送到尚未联机的用户空间。

我们把这种以计算机为基础的消息处理系统,称为电子函件系统。

20世纪70年代后期开始迅速发展的各种局域网,使电子函件系统的使用范围迅速扩大,而且成为局域网的重要应用之一,在局域网收发电子函件虽便宜,但覆盖范围有限。1972年,阿帕网的研究人员实现了远程终端访问、文件传送、资源共享和其他应用,为电子函件系统奠定了技术基础。

1980年,英国邮政总局开办了一项名为"国际邮件传真"的电子函件业务,它还提供通过美国通信卫星公司的国际联机服务。

次年,英国邮政系统开始利用计算机网进行传送电子函件的试验。

1984年,国际电报电话咨询委员会为以存储转发方式为基础的电子函件系统制订出标准。

电子函件系统扩展了现有传真、电话等通信手段的通信功能。由于采用了数字传输技术,它的保密性比传真好,而且通信速度快,"邮费"只需传真通信的1/10。发一封电子函件,只需几十秒,对方就能收到函件。

电子函件可以是通常的文稿,也可以把存储在计算机内的数据、图形或

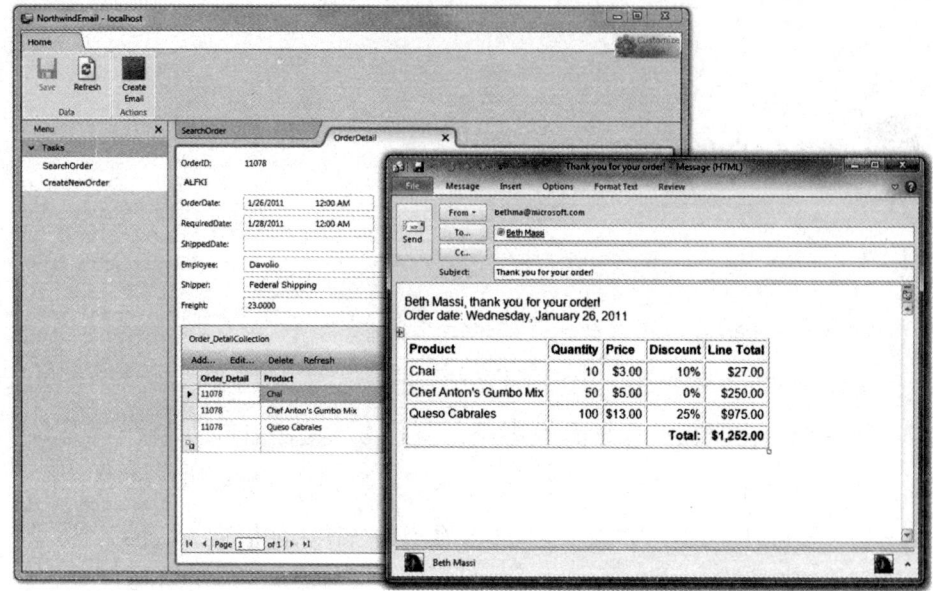

△ 电子邮件（E-Mail）

融声音、画面于一体的多媒体信息，迅速传递给收信人。不过，发信人应在电子函件中心申请一个或几个电子信箱，然后就可以在电子函件系统中任何一台计算机上，同时向一人或许多人发送电子函件。收信人可在自己认为方便的时候，在此系统的任何一台计算机上，随时"打开"自己的"信箱"，查看其中是否有函件，可以只读摘要，了解函件是谁在什么时候发来的，也可全文读取信息。在收函件的同时，还可以方便地把此电子函件存储或转发给其他收信人。

1997年5月，中国开通全国漫游寻呼的中国联通寻呼公司等单位，联合推出一种电子函件寻呼服务。它可把进入因特网的电子函件的内容直接打到用户的寻呼机上，用户在全国任何一个地方，不必定时打开电子信箱，就可知道是否收到电子邮件。

真空吸尘器的发明

19世纪的几位发明家试制了一种会吸污物的机器。大多数机器都使用一个可以用手来开动的折式风箱。一些机器被制造出来,包括取得成功的"小雏菊"型。但它们并没有节省劳力,因为需要两个人来操作,一个抽风箱,一个对准接口。

英国工程师赫伯特·布思在1901年制造了第一台有效的真空吸尘器。它有一个汽油发动机,而且是第一台

△ 世界第一台真空吸尘器

有一个高效的过滤器的真空吸尘器,即它有一块留住污物的滤布,使干净的空气重新回到房间。那是一台打算在工厂里使用的大型而笨重的装置。

布思的吸尘器给美国发明家默里·斯彭格勒留下了深刻的印象。他在1900年制作了一台较小的供家庭使用的吸尘器,并且把这个设计的权利卖给了一个叫做威廉·胡佛的马具制造商。

1908年,胡佛着手生产一种小型的吸尘器,结果证明它很受人们欢迎。从那时起,真空吸尘器就以"胡佛"牌而广为人知。

人工心脏瓣膜的问世

俄罗斯专家最近利用坚固而且具有惰性的热解碳开发出一种由3个瓣叶组成的人工心脏瓣膜，瓣膜病患者接受这种人工心瓣移植后，可有效避免红细胞溶解及血栓形成等移植引发的副作用。

据报道，俄罗斯长期从事人工心瓣研究的"三个石炭纪"公司在现有的两瓣叶人工心瓣基础上，开发出由三个瓣叶构成的人工心瓣。俄科学院精密机械研究所专家对这种人工心瓣

△ 人工心脏

进行的试验表明，新式人工心瓣能保证正常的血液流动，接受移植的人其血压与正常心瓣产生的血压相差不超过5毫米汞柱，而且移植后出现红细胞溶解和血栓的风险也比接受二瓣叶人工心瓣低一半。

开发者解释说，新式人工心瓣利用热解碳材料制造而成。热解碳耐高温和腐蚀，呈生物惰性，利用热解碳制造的三瓣叶人工心瓣被移植到心脏后，不会因与血液或组织产生相互作用而影响正常的血液循环。

据介绍，这种新式人工心瓣的制造成本只有700美元，预计售价将在1000美元左右。俄罗斯专家说，目前世界上每1000人中就有1人患有不同程度的瓣膜病，其中14%需要接受移植手术，因此这种新式人工心瓣有望得到推广应用。

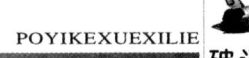

巴斯德发明狂犬疫苗

1892年12月27日,来自世界各地的许多著名科学家聚集在法国巴黎的一个豪华大厅里。当法国总统挽着一位满头银丝的老人步入大厅的时候,人们起立欢呼,乐队奏起胜利进行曲。这是法国科学家路易·巴斯德(1822~1895)70寿辰庆典中的一幕。

巴斯德是何许人,为何这些名流权贵们如此兴师动众?

在19世纪以前,狂犬病严重地威胁着人们的健康——它也是巴斯德多年研究、准备攻克的疾病。军队老兽医布埃尔送来了两条疯狗供他研究。

△ 路易·巴斯德

为了取得狂犬疫苗,巴斯德和他的助手把一只疯狗绑在桌子上,而他则俯下身子,用嘴通过滴管一滴一滴地从狗的下颌吮吸唾液。为了攻克这一疾病,年已60多岁的巴斯德表现得全无惧色。他指导助手将取得的唾液注射到试验的动物体内,结果这些动物都痛苦地患病死了。问题基本上搞清了——疯狗的唾液把病毒带到人的体内,侵入人脑发生了灾难性的作用。

为了找到对付狂犬病的办法,巴斯德又把疯狗的脊髓抽出来,让它干燥。过了10天之后,疯狗的脊髓就失去毒性,此时再把它接种在被狂犬咬过的病狗身上。说来也奇怪,这只病狗竟然逐渐地好了。接着,巴斯德又把患过霍乱的鸡的病原菌取出来，放置一段时间——也为了大大减弱病原菌的毒性。他取出患狂犬病而死的兔子的脊髓，发现它自然干燥的时间越长，毒性越小。于是，他把放了14天患狂犬病而死的兔子的脊椎，磨成浆制成疫苗，给其他兔子注射。转天又注射干燥了13天的、12天的……直到注射当天的新鲜死兔脊髓液，兔子都奇迹般地活下来了。

试验终于成功了，巴斯德制造出了狂犬疫苗！

不过，巴斯德在动物身上试验狂犬疫苗成功以后，就在想，这种办法如果能在人体上试验成功，不就可以攻克狂犬病了吗？但是，到哪里去找敢冒生命危险来当试验品的人呢？

巴斯德曾要求在一个被判处死刑的犯人身上做试验，但法庭不允许。他只好决定用自己的身体做试验，但家人和亲友百般阻拦——甚至把他看管起来。巴斯德对此一筹莫展。

偶然的机会终于来到了。1885年7月6日早晨，巴斯德实验室的门被撞开了——阿尔萨斯省的一个男人抱着一个全身刚被疯狗咬伤了14处的9岁孩子J·梅斯特闯了进来。"救救他吧！"跟在后面的孩子的妈妈含着眼泪恳求着。在这种情况下，巴斯德无法再犹豫，就当机立断——在孩子身上做试验。他把经过减毒的疯狗病菌注入孩子体内，一天注射一支，31天之后，这个孩子终于被救活了。此后，人们争相把被疯狗咬伤的患者送到他这里治疗，大都被治愈。其中有16个被狂犬咬伤的俄国病人，也被他抢救过来，轰动了全俄国，沙皇政府也特地向巴斯德颁发了奖章。那位被巴斯德救活的J·梅斯特，后来一直在巴斯德研究所看门，直到1940年德国占领巴黎，他才自杀身亡。

狂犬疫苗的发明，使巴斯德又创立了一门新科学——免疫学。这是他为人类所作的又一贡献。

如果巴斯德没有等待到那次偶然得到的人体试验机会，他就会推迟甚至一辈子也不能征服狂犬病——即使自己已经具备除了机会以外的一切条件。这说明了"等待"和"时机"的重要性。

"字典里最主要的三个词是意志、工作和等待，我要在这三块基石上建立起成功的金字塔。"巴斯德的这一名言,道出了任何成功的诀窍:意志坚强者,方能选定正确的目标;才能耐得寂寞努力工作,长年厚积而待薄发;要"掌声响起来",必须"要忍耐",要等待,等待那不知何时到来——但必将到来的时机……

　　读书的时候化学成绩仅被一位教授判为"及格"的学生、杰出的化学家和(微)生物学家巴斯德,在科学上的重大贡献全面而丰富:26岁发现酒石酸的镜像同分异构现象,通过大量的实验和有力的论证使科学界相信了细菌学说,发明了用免疫法治疗严重侵袭牛、羊、人和其他动物的炭疽病,发现厌氧菌、鸡霍乱弧菌和鸡霍乱疫苗,在1865年及时攻克了导致法国养蚕业致命灾难的严重蚕病而顾不上父亲和两个女儿被传染病夺去生命……

　　以上对巴斯德在医学、生物学上的成就的蜻蜓点水式的描述,当然无法完全说明他是"医学史上首屈一指的重要人物"。

　　1888年,法国人民为了感谢这位功大德高的老人,自愿捐款修建巴斯德学院。在落成典礼上,巴斯德激动地说:"科学固然是没有国界的,然而科学家却有自己的祖国。我应当把自己的才能贡献给祖国。"此时,我们已经知道了故事开头那两个问题的答案。

　　"自从19世纪以来,世界许多地区的人口估计寿命大体上增长了一倍。在整个人类史上,人类寿命的这种大幅度增长,对个人生活来说可能比任何其他发明都具有更大的影响。"《历史上最有影响的100人》的作者美国学者——迈克尔·哈特,在这本书中这样评价巴斯德,并把他列入第12位的高位,因为"巴斯德的方法可以而且已经用于许多种疾病的预防"。

　　1895年7月6日,73岁的巴斯德辞别人世。不过,法国阿雷斯省的蚕农当年为他所立的雕像将长存于世。即使这座雕像最终也会损毁,但这也无关紧要,因为"智慧和学问之碑""远比权力或武力之碑更加长垂不朽"(弗朗西斯·培根语)。

科赫发明固体培养基

"这些土豆怎么长出红霉点和白霉点来了?"19世纪下半叶的一天,一个妇人在厨房中自言自语。

土豆长霉,这本不足为怪。然而,在毗邻厨房的这个妇人的丈夫,却对这偶然的自言自语"情有独钟",就走进了厨房……

那么,这个妇人的丈夫是谁,为什么听到土豆长霉就像如获至宝,他想用它干什么?

1866年,德国医学和细菌学家罗伯特·科赫(1843～1910)毕业于德国哥廷根大学医学院,随后在普法战争中自愿参加医疗队,担任伤员救治工作。普法战争后,他成了德国中部克劳斯塔尔城哈尔茨山区的一个普通乡村医生。1880年,他被聘任到柏林的皇家卫生局工作。他经常利用业余时间,通宵达旦地用显微镜观察研究细菌。所以,大家说:"帝国政府顾问的神经有些错乱了。"

为了研究细菌,就必须培养细菌来找到适于细菌生长的养料和条件。用什么来培养细菌呢?科赫想到营养丰富的肉汤,于是他请妻子一次又一次地做了很多肉汤来培养细菌。细菌倒是从肉汤中培养出来了,但却是"万紫千红"——红的、黑的、黄的、绿的好多种霉。这"百花齐放"表明,细菌是很多种混在一起的,而要观察研究某种细菌,就必须用单一的菌种才行。为了培养单一菌种,他绞尽脑汁,但仍一无所获。

一天,科赫在厨房外踱来踱去惦念单一菌种的时候,突然听到妻子在故事开头的自言自语。这意外的"得来全不费工夫",让他联想到自己研究的问题,就立即走进厨房。他取出一个土豆的两种霉点分别放在显微镜下观察,结果发现红霉点全是球形细菌,白霉点全是杆状细菌。他立即领悟到用土豆繁殖细菌，就能得到单一的菌种。

但是，用土豆作为细菌的培养基有一些缺点——例如，营养太少，所以细菌生长很慢。于是，科赫又转向发明生长得快的培养基的研究。

又有一天，科赫的妻子做了一盘洋胶菜，他马上联想到：加肉汤的洋胶菜不是可以作良好的细菌培养基么？接下来，他继续进行研究，最终在洋胶菜上培养出了一种单纯的细菌群。这就是世界上第一次分离出的"纯菌种细菌培养基"，也是当今世界上每个细菌实验室还在使用的"固体培养基"。

△ 罗伯特·科赫

科赫的科学成就是多方面的。在确证病原体方面，他在1876年找到了炭疽病的病因，1882年发现了结核病菌，1883～1884年从埃及追踪到印度发现了霍乱弧菌，1896年在南非战胜了口蹄疫，1897年以后研究并发现了鼠疫和昏睡病的传播媒介——分别是虱子和苍蝇等。在这方面，他总结出了著名的"科赫原则"：第一步要求在所有患者身上发现某种病毒，但健康人身上没有；第二步是从患者身上分离出这种病毒，并在实验室的培养皿内繁殖；第三步是用培养皿中的病毒使试验动物患上与人同样的疾病；最后一步要求从患病的实验动物身上分离出病毒，并证明这种病毒能在培养皿中发育。在这个原则的指导下，使得19世纪70年代到20世纪的20年代成了发现病原菌的黄金时代——白喉、伤寒、鼠疫、痢疾等杆菌都是在这个期间发现的。因此，他被称为"绝症的克星"。

科赫除了在病原体的确证方面做出了奠基性工作外，他创立的微生物学方法一直沿用至今，为微生物学作为生命科学中一门重要的独立分支学科，奠定了坚实的基础。他首创的显微摄影技术留下的照片，在今天也是高水平的。这些技术包括分离和纯培养技术、染色技术等。

此外，科赫还培养了大批著名的细菌学家、免疫学家和生物学家：德国的冯·贝林（1854~1917）和欧立希（1854~1915），日本的北里柴三郎（1852~1931）……

因为科赫"在结核病防治研究上的突出贡献"，成了1905年诺贝尔生理学和医学奖得主——这正好在他写下"永不虚度年华"的40年之后。原来，在1865年科赫还是学生的时候，就在试卷页眉上写下了他终生恪守的这句誓言。不过，诺贝尔生理学和医学奖评委会选择结核病研究作为他获奖的原因，是失当的——科赫的主要贡献是创立了确认病菌的方法、确定病因的原则，这些都比结核病研究要重要得多。这种失当，与爱因斯坦在1921年因光电效应——而不是相对论获得诺贝尔物理学奖一样，都是诺贝尔奖历史上永远的遗憾。

不过，这个遗憾，可以从人们献给他的诗句来弥补："从微观世界中，涌现出这颗巨星。你征服了整个地球，全世界人民感谢你。献上花环不凋零，世世代代留美名。"这些诗句，铸在人们给他的纪念章上。

1982年3月24日，为了表达中国人民对科赫的敬仰和怀念之情，中华人民共和国邮电部发行一套《罗伯特·科赫发现结核杆菌一百周年》纪念邮票，共一枚。

 拉链的发明

技术发明和科学发现永远属于勤奋、细心观察和爱动脑筋的智者。美国工程师霍埃就是这样一位智者。

狗的牙齿也许绝大多数人都见过,但霍埃却从人们熟视无睹的狗齿得到偶然的启示。

1883年的一天,霍埃津津有味地细心观看一头家犬的牙齿排列,突然,他从那"犬牙交错"的结构中得到灵感而突发奇想:为什么不发明类似的一种东西,使两块衣料互相啮合来代替纽扣呢?

说干就干,霍埃随后动手设计,反复试验,终于研制出世界上第一根拉链。但是,由于它看上去并不那么显眼,加上它当时的性能较差,还达不到现在我们所使用的、性能很好的实用拉链,所以在1893年芝加哥城主办的哥伦比亚世界博览会上展出的时候,没有得到青睐,展台也成了"被遗忘的角落"。

也是在1893年,拉链得到了重要的改进:美国一家制鞋厂的一位名叫威特库姆·贾德森的工程师,发明了一种可视为现代拉链雏形的"可移动扣子",并在同年获得了专利。当然,他的研究工作始于1891年。1902年,曼威尔兄弟采用了贾德森的发明,并使用"扣必妥"的商标,在世界上第一次成批生产拉链。用户使用的结果表明,这种拉链有一些严重的缺点:有时拉不动,有时又突然自动崩开。这些缺点给用户带来的尴尬是可想而知的。从此拉链声誉扫地,无人问津,生产厂家也只好关门停业。

时至1905年,瑞典工程师G·森德巴克来到美国,和曾经与贾德森合作研究拉链的沃尔特上校——一位负责士兵服装供应的军需官联手,进行拉链的改进试验。7年之后的1912年,他们生产出了一些改进后的拉链样品,这种

拉链是在原有拉链的销牙后面安装了一系列凸起的花蕾状的咬齿，使销牙能够咬合得更加牢靠而更不容易脱开。显然，这更接近于现代拉链。他准备推广和生产。但是，如果拉链得以流行，扣子商人们就会受到巨大的损害。于是，扣子商人们联合反对，加之于从前拉链有过不好的名声，所以这种改进后的拉链在市场上仍未流行。

正在这个时候，欧洲发生了一件震惊世界的空难：在巴黎的协和广场，一位技术高超的飞行员驾驶着当时最先进的飞机，在众目睽睽下作飞行表演，却突然一个筋斗从空中栽了下来，结果机毁人亡。经过专家调查，这次空难是因飞行员上衣的一枚扣子掉下来，正好滚到机器里引起机器失灵的结果。

鉴于这次惨剧，法国国防部立刻命令，今后所有的飞行员服装上不许有扣子。于是许多欧洲国家和美国也竞相仿效，作了类似规定。但是，不用扣子又用什么呢？人们想到了争论不休、毁誉参半的拉链。

正是这次偶然的空难，使拉链一下子"起死回生"。森德巴克赶紧与军事部门联系，以优价缝制飞行员服装。不久，订货扩大到海军。就这样，拉链得到广泛宣传。由于当时飞行员是人们崇拜的偶像，所以许多人就仿效飞行员穿起有拉链的制服。此外，沃尔特也认为它小巧玲珑，美观大方实用，具有纽扣所没有的许多优点。1914年，森德巴克将改进过的拉链安装在海军水兵服装的胸袋上，也大受欢迎。

从此以后，拉链越来越受欢迎，并得以广泛流传。例如，英国的一些服装设计师们在服装上配以亮晶晶的拉链作服饰，收到了理想的效果。20世纪50年代末，美国影星白兰度自己设计的"拉链摩托装"——一种拉链茄克，穿上之后会显得精悍英武，更具阳刚之气，就有许多年轻男士竞相仿效。20世纪70年代后期，法国服装设计师皮尔·卡丹也用拉链设计出众多新服装。

拉链（Zipper）这个现代名称的由来，有两种说法：一说是在1924年由美国固定公司取的——根据它开合的时候发出的摩擦声；二说是，小说家弗朗科于1926年在推广拉链的一次工商午餐会上说："一拉，它就开了！再一

△ 拉链

拉，它就关了！"于是，它就有了现在的名称。

关于拉链，还有许多奇闻轶事。美国纽约州一家杂货店主人安格尔·沙坦纳因穿着装了拉链的裤子而大难不死。那是在1990（一说1991）年1月的一天，3名歹徒抢劫了他的店铺，其中一个凶残的歹徒还向沙坦纳的下腹开了一枪，但幸运的是，这颗子弹正好打在拉链上，他因此幸免于难。被载入《吉尼斯世界纪录大全》一书中的一根拉链，长632米，有尼龙牙119007个。这条超级拉链派有特殊的用场——瑞士门德里索RIRI公司用它来密封水中的电缆套。

一枚未钉牢的扣子可以决定一个人及一架飞机乃至一场表演的命运，而这又决定了一个好的产品——拉链是否能够流传。从这似乎天方夜谭的神话般的史实中，我们应悟出点什么呢？

日本的吉田兴业会社是"拉链王国"——年生产的拉链，长度可以在地球和月球之间拉4个来回，产量约占全世界的1/3。

探秘科学发明发现

口香糖的发明

"终止比赛!"随着裁判的一声哨响,一场拳击比赛结束了。

"这是怎么啦!"没有到结束的时间,也没有人被打倒——观众纳闷了。

啊!原来是一个拳击运动员猛力挥拳打向另一个运动员下巴的时候,他的两根手指折断了!

这有着"比铁还坚硬"下颌的运动员,就是世界级拳王杰克·登波希。

那登波希为什么有这样坚硬的下颌呢?原来,是因为他长期嚼口香糖锻炼出来的。

那么,我们就来讲一个发明口香糖的故事。

1869年,纽约发明家、摄影师托马斯·亚当斯和墨西哥流亡的独裁者、74岁的安东尼奥·桑塔·安那邂逅了。安那希望亚当斯能帮助他把黏性的奇口树脂(美洲玛雅人从大常青树中提取的一种树脂)等,变成廉价的橡胶代用品,为复辟奠定经济基础。研制天然橡胶的代用品,是19世纪人们基于天然橡胶物源不足而普遍感兴趣的研究课题。

然而,屡次试验都以失败告终——1870年初,托马斯用糖胶树胶(一种墨西哥常绿植物的干树液)得到的"橡胶"没有弹性。

就在托马斯像泄了气的皮球准备放弃的时候,他在一家药店偶然听说一个小姑娘想买寇蒂斯公司的"白山牌口香糖",于是灵光一闪,就萌发生产口香糖的念头。他的学童儿子何瑞林,亚当斯也当上了他的助手。1870年的一天,何瑞林把一小块这种没有弹性的"橡胶"塞进口中嚼。嚼着嚼着,发现它不但又香又甜,而且久嚼不化。就这样,他们用它制作出一种用于"嚼"而不是"吃"的口香糖。

结果，亚当斯父子大获成功——生产出了"亚当斯的纽约1号"口香糖。1871年，他们又发明了一种专门制作口香糖的机器，从此，口香糖进入大批量机器生产阶段。而最早打奇口树脂主意的安那，则一无所获，于1876年病死在墨西哥城。

那么，小姑娘想买的白山牌口香糖又是怎么回事呢？这得从此前说起。

1848年，21岁的美国缅因州扫马路的约翰·培根·寇蒂斯，在父亲的帮助下把印第安人咀嚼的云杉树脂煎煮之后，制成一片片的"胶姆糖"出卖，赚了大钱。1852年，寇蒂斯在波拉德创建了世界上第一家胶姆糖工厂——寇蒂斯缅因州立天然云杉胶姆糖公司。后来，他又以石蜡为原料的胶姆糖，由于添加了甘草和香草，所以取名"白山牌口香糖"。

不过，寇蒂斯并不是口香糖的"首创者"。1993年，人们从瑞典西部埃洛斯附近发现了有史以来最早的胶姆糖——它距今9000多年，在树脂中含有蜂蜜，上面还有牙印。

口香糖的发明有多种说法。1996年，两名德国教授编撰的《流行谬误词典》指出：人们误以为美国亨利·约翰·海因茨首先将口香糖推出市场售卖。其实，古希腊已有一种由树脂制造的口香糖极为盛行。显然，这是一种天然的口香糖。

在亚当斯之后，威廉·怀特把薄荷放进口香糖中，生产的"尤卡坦"口香糖，让他"一夜暴富"。而在1910年，小威廉·莱格利的"箭牌口香糖"开始成为美国最畅销的口香糖。

口香糖又名"橡皮糖"。含糖口香糖的甜味剂主要是蔗糖或果糖，它们可以导致龋齿。无糖口香糖用的增甜剂是山梨醇或木糖醇等，没有致龋作用。

口香糖已不限于使人嚼后"回味无穷"以及锻炼牙齿的嚼力，还能保护牙齿的健康。例如，听起来也许让人难以置信：有的口香糖竟然可以阻止龋齿的发展。美国密执安大学的生物化学家库克·凯·马丁经过对儿童们的试验认为，嚼一种含有少量木糖醇口香糖，可使新的龋齿上形成保护层。这种木糖醇可从玉米秆中和一些水果、蔬菜中提取。

在伯利兹，马丁对1200名9～11岁的儿童进行了为期3年的调查研究试验。他把儿童们分为嚼蔗糖口香糖组、嚼木糖醇口香糖组、嚼山梨醇口香糖组、不嚼口香糖组这4个组，让他们在老师指导下每天嚼3～5次口香糖，每次几分钟。经过16个月、28个月和40个月3次统计，嚼木糖醇组龋齿下降，嚼山梨醇口香糖组略有增加，未嚼口香糖组增加得多一些，嚼蔗糖组增加得最多。

1993年3月，马丁在芝加哥的国际牙科研究会议上报告了这一结果。他认为，因为细菌很难毁坏木糖醇，所以可以阻止龋齿的发展。

虽然口香糖对牙齿有一定好处，但是它的残渣因"顽固不化"而留在地面难以清除。不过，这个缺点现在也得到解决。据英国《每日电信报》等媒体于2007年9月14日报道，英国布里斯托尔大学教授特伦斯·科斯格洛夫领导的研究小组，已经研制出既不胶黏又能生物降解的"清洁口香糖"。据说，咀嚼这种口香糖20分钟后，即使吐到地上，在24小时后就会消失——而传统口香糖在一周之后还"原封不动"。

莱尼兹尔发现液晶

弗利德里希·莱尼兹尔是奥地利的一位植物学家、化学家。在19世纪下半叶,他曾合成过一种有机晶体——安息香酸酯。

1888年的一天,莱尼兹尔在制备胆固醇酯的时候,对安息香酸酯晶体进行加热实验。当加热到大约145℃的时候,晶体熔化为液体。正在这时,他惊奇地偶然发现,这种液体竟是混浊的——不像通常纯净物熔化为液体那样透明。他觉得非常奇怪,就继续对液体加热,要探个究竟,看还会发生什么现象。当加热到大约178℃的时候,更奇怪的现象发生了——液体似乎再次被熔化,变成清澈透明的液体。一种晶体有两个熔点,这种现象叫晶体的"双熔点(现象)"。

此外,在这两个熔点之间,莱尼兹尔还观察到了双折射现象和彩虹色。他无法确定是什么原因引起了这些现象,就向布拉格的著名晶体学家凡·泽法洛维奇求教。泽法洛维奇对这个发现也非常惊讶,建议他去信与德国的物理学权威奥托·勒赫曼联系。

莱尼兹尔在给勒赫曼的请教信中,寄去了两个材料的样品。勒赫曼重复了莱尼兹尔的实验,确认了莱尼兹尔的结论:材料在145.5℃变成混浊液体,在178.5℃变得清澈透明;降温的时候,材料先变蓝色,然后混浊,继续降温,变紫色,最后变成白色固体。"你的结果是正确的。"他给莱尼兹尔回了信,"晶体那么柔软,几乎能把它叫做液体,这对于物理学家来说,是极其有趣的。"

1889年,勒赫曼把这种处于"中间地带"的混浊液体,叫做"液晶"。它好比既不是马,又不像驴的骡子——有的人称它是"有机界的骡子"或"两栖动物"。液晶的"熔点",不是通常物质那样只有一个"点",而是

△ 莱尼兹尔

有一个较宽的温度范围——从固体到液体之间，存在着一个相当明显的过渡相态。它既像液体具有滑动性、流动性和连续性；而分子又保持着固态晶体特有的规则排列方式，具有双折射、光学各向异性等晶体的物理性质。可见其结构必定介于液体和晶体之间，所以也称为"介晶态"。不久，勒赫曼向学术杂志投寄了一篇题为《论液晶》的论文。

现在，这两封历史性的信件被看做液晶研究的转折点——这是物理学家和植物学家之间的讨论和交流，是研究液晶的真正开始。因此，他们都被称为"液晶科学之父"。

然而，尽管发现了越来越多的液晶，而且有的液晶材料的结构也完全清楚，但是物质具有液晶态的新发现，却遭到许多人——包括一些重量级科学家的非议。这些反对者多年拒绝接受勒赫曼的新观念，引入众多五花八门的理论来解释观察到的现象。例如，他们认为所谓液晶只是物质两种不同的状态混合在一起，或者是两种不同的化合物混在一起的乳状液体——像牛奶一样，是水和脂肪等混杂在一起，并不是一种化合物的不同状态。当时是固体化学终极权威的塔曼，直到20世纪20年代还拒绝接受"液晶是一个新相"的说法。对勒赫曼而言，一个勒赫曼新观念的主要反对者、令人尊敬的科学家——塔曼的观点，实在是个不小的打击。

不过，对新理论、新观念的怀疑、否认，有利于人们从鱼龙混杂的资料中去伪存真，去粗取精。健康的争论，有时可能非常激烈，但却有利于摒弃错误，找到真理。

液晶被发现以后大约70年内，人们还不知道它有什么实际用途。直到1968年美国科学家发明了液晶显示器之后，它才开始在电子工业中大显神通。

为什么液晶能在电子工业中大显神通呢？这是由于它的光学的透射率、反射率和颜色等性能，对外界力、热、声、光、电、磁和气氛等的变化反应十分灵敏，因而做成低电压（3～30伏）小功耗（如电子表仅耗电1～100微瓦，一般1平方厘米的显示器功耗仅约1毫瓦）的液晶显示器（LCD）的缘故。

目前，LCD已广泛用于电子表、电子计算器、微电脑、电子游戏机、手机和电视机等电器中，作为显示数字和图像的器件。

为什么LCD会显示出数字和图像呢？这要从液晶的光学性能谈起。在电场作用下，液晶光学性能的变化统称电光效应。液晶具有诸如动态散射、静态散射、光电贮存、电控双折射和扭曲效应等各种电光效应。当然，广泛应用的是动态散射效应。

什么是动态散射效应呢？简单地说，在正常的情况下，液晶的分子排列得很有秩序——晶体的特点之一，是清澈透明的，所以看不到数字和图形。但是，在加上直流电场之后，分子的排列就被打乱了，这就使得一部分液晶变得不透明而且颜色变深，因而显示出数字和图像——这就是动态散射效应。LCD有很多优点。例如，用它制成的电视机耗电极省、重量轻、体积小、厚度特别薄，被称为壁挂电视机——可像图画一样挂在墙上。

不过，这种电视机也有一些缺点：液晶的厚度太薄，仅（6～10）±1微米——因而对基板要求很高，难以做成太大的尺寸；视角不够宽——这使不同位置的观看效果大不一样；响应时间较长——难以跟上高速显示的要求。

为克服这些缺点，从1996年起又迅速发展了等离子体显示板即PDP显示技术。PDP彩电克服了LCD彩电的前述缺点，也克服了现在绝大多数家庭使用的CRT（显像管）彩电耗电多和笨重等缺点，视角达到160°，可还原1670种颜色，成像质量和色饱和度也超过LCD和CRT彩电，不受磁场干扰，也不产生干扰其他仪器的磁场。因此，人们预言PDP的发展会有这样的时候：大屏壁挂彩电走进千家万户，从而在大屏彩电领域全面淘汰LCD和CRT彩电。但是，目前由于PDP彩电价格太高，因此显然不可能很快"飞入寻常百姓家"。此外，日本索尼和荷兰飞利浦公司，还合作研制一种被称为等离子和液晶的中间产品——"等离子体地址液晶"，据说有不亚于PDP的效果。

根据液晶会变色的特点，人们还用它来指示温度和报警毒气等。例如，液晶能随着温度变化，就可用它指示出某个过程（例如实验过程）中的温度。一种液晶颜色变化的规律是，温度每升高1℃，它就会按红-橙-黄-绿-蓝-靛-紫的顺序依次变化颜色；而温度降低的时候，又会按相反顺序变色。遇到诸如氯化氢、氢氰酸等有毒气体分子，液晶也会变色。所以，在化工厂里，人们把液晶片挂在墙上，一旦有微量毒气逸出，通过液晶变色，进行自动报警，提醒人们赶紧去查漏、堵漏有毒气体。

液晶还与生物密切相关。人的脑、肌肉、神经髓梢、眼睛内光感受器的膜层等处都发现有液晶。人体的衰老，部分疾病、癌变，也与细胞膜的液晶态变化有关。揭示其奥秘将有利于身体健康、长寿。

已经发现或人工合成的液晶材料有5000多种，它们都是有机物质，例如一些芳香族的有机物等。

根据分子的排列情况不同，液晶分为近晶相结构（近晶型）、向列相结构（向列型）、胆甾相结构（胆甾型）。目前在显示技术中应用得最多的是向列型液晶。

液晶有一定的使用温度要求，例如中国要求LCD使用的环境温度-20～55℃。

用液晶显示器的时候，除了要避免紫外线照射和使用温度不宜过高外，还应避免接触有机溶剂，注意防潮和划伤等。要用深色纸密封，置于低温低湿的环境中贮存。